图解 农电安全及人身事故案例分析与防范（彩图版）

山西省电力公司　编

中国电力出版社
CHINA ELECTRIC POWER PRESS

内 容 提 要

在供电所安全管理中，由于存在“安规”、“两票”执行不到位，安全措施不落实，人员作业行为不够规范的现象，从而致使因人员责任而导致的农村电工人身伤亡事故十分突出，编者针对这些实际情况，结合农电现场安全工作规范，总结农电系统近年来发生的典型事故案例，采用连环画方式，编辑整理了本书，书中采用简洁明了的语言、图文并貌的画面、生动直观的表现形式，讲述了人身事故发生的过程和产生的原因及防范措施，以教育广大农电工作者树立安全意识，时刻牢记血的事故教训。

全书分5章，主要内容包括：农电反事故措施；触电急救；人身触电；高处坠落；倒杆塔。

本书特别适合电力生产一线人员学习使用。可作为农网供电所专职电工学习安全知识、了解必要的安全规定，提高安全防范意识，保障人身安全的培训用书。

图书在版编目（CIP）数据

图解农电安全及人身事故案例分析与防范（彩图版）/山西省电力公司编.—北京：中国电力出版社，2008.1（2019.7重印）

ISBN 978-7-5083-5872-7/01

Ⅰ.图… Ⅱ.山… Ⅲ.农村配电—事故分析—图解 Ⅳ.TM727.1-64

中国版本图书馆CIP数据核字（2007）第094298号

中国电力出版社出版、发行
（北京市东城区北京站西街19号 100005 http：//www.cepp.sgcc.com.cn）
北京博图彩色印刷有限公司印刷
各地新华书店经售

*

2008年1月第一版 2019年7月北京第七次印刷
850毫米×1168毫米 32开本 9.25印张 242千字
印数20976—21975册 定价**80.00**元

编委会

序

安全是效益，安全是基础，安全“一失万无”，责任重于泰山。农电系统是服务农民、服务农业、服务农村经济发展的前沿阵地，在推进社会主义新农村建设和小康社会建设中肩负着重要的职责。

农网安全是电网安全的重要组成部分，由于农网点多、线长、面广、设备分散、安全基础薄弱，规章制度不健全，人员技术素质普遍偏低，“安规”、“两票”执行不到位，安全措施不落实，人员作业行为不规范，因人员责任而导致的农村电工人身伤亡和设备损坏事故十分突出。尤其在农网“两改”之后，农村电网资产、设备规模突增，农电管理范围延伸，供电所专职电工，大多数都没有经过专门训练，对业务和规程不熟悉，安全意识、防护知识很弱，因此确保农网安全难度大、任务十分艰巨。

在深入开展反事故斗争中，山西省电力公司坚持“以人为本，珍惜生命”的安全理念，积极推进企业安全文化建设。针对农电安全工作防人身责任和人身死亡事故为重中之重的特点，倡导“严细铸就安全，遵章捍卫生命”，并取得了明显成效。同时公司组织相关人员结合国家电网公司开展的爱心活动和平安工程，总结国内农电系统近年来发生的典型事故案例，采用连环画方式，编辑整理了《图解农电安全及人身事故案例分析与防范》一书，本书采用简洁明了的语言、图文并茂的画面，生动直观的表现形式，讲述了人身事故发生的过程和产生的原因及防范措施，旨在教育广大农电工作者珍爱生命，强化安全意识，提高职业技能素质，从源头上防止安全风险。同时也希望本书的出版能为我国农村电网的安全保障起到抛砖引玉的作用，从而实现电力安全生产的长治久安。

本书特别适合电力生产一线人员学习使用，对广大的电力工作者学习安全知识、了解必要的安全规定，提高安全防范意识，保障人身安全能起到很好的警示教育作用。

2006年1月

前言

安全生产是电力企业永恒的主题。实施农电“两改一同价”之后，县供电企业安全管理的责任延伸到了千家万户和田间地头。由于历史客观原因，农电安全管理基础相对薄弱，人员素质偏低，服务对象又是自我防护意识和防护能力很弱的农民群体，因而农电安全生产的形势十分严峻，人身伤亡事故屡屡发生。为提升农电安全管理的全员安全意识，防止人身事故发生，根据国家电网公司开展的农电反事故措施，针对农电工作特点，对农电现场安全反事故措施和近年来农网安全生产中发生的一些典型事故案例的简要经过、原因分析及防范措施，以通俗易懂的漫画解析，使读者吸取事故的血泪教训，深刻理解安全规章制度中有关规定的真谛和内涵，提高执行“安规”、“两票”的自觉性，告诫每一位农电工作者，从我做起、从零做起、居安思危、警钟长鸣，克服麻痹思想，保持清醒头脑，坚决同一切违章行为作斗争，固守生命防线，严防人身事故，确保安全生产。

本书在编写的过程中，分别受到了山西省电力公司总经理王抒祥和有关分管领导的大力支持，并对本书的出版给予了积极关注。如原副总经理燕福龙在百忙之中为本书作序，分管生产的副总经理曹福成对本书的重新编排给予了具体指导。在此特借本书再版之际，对在编辑和出版过程中给予支持和帮助的有关领导和专家表示衷心的感谢。

由于编绘者水平有限，书中不妥之处在所难免，恳请读者不吝赐教。

编者

2007 年 5 月

目录

第四部分 高处坠落

第五部分　倒　杆　塔

第一部分　农电反事故措施

一、“五查一落实”

查领导安全责任制落实情况；查关键岗位、关键人的素质；查安全工器具的管理；查现场作业实施情况；查“两票”执行情况；落实“三防十要”反事故措施。

二、“三防十要”

(1)“三防”，即防止触电伤害、防止高处坠落伤害、防止倒(断)杆伤害。

(2)“十要”反事故措施：

第一条　工作前要勘察施工现场，提前进行危险点分析与预控。

工作前要勘察现场，工作负责人必须清楚和明确工作任务、作业范围和施工方法，并根据作业类型、方法、人员、工器具、环境等制定危险点预控措施，不得盲目接受工作任务。

第二条　检修、施工要使用工作票，作业前现场进行安全交底。

检修施工要填用工作票，不得无票工作。开工前，工作负责人要向作业人员现场交底，做到“四清楚”，即作业任务清楚、现场危险点清楚、现场的作业程序清楚、应采取的安全措施清楚。未经现场交底不得开始工作。

第三条　施工现场要设专人监护，严把现场安全关。

施工现场工作负责人、工作许可人、工作班成员要各司其职，专职监护人要对工作人员精神状态、工器具配备、现场安全措施、作业安全行为等进行全过程监督检查，不得脱岗或随意替代工作。

第四条　电气作业要先进行停电，验明无电后即装设接地线。

停电工作要按照停电、验电、挂接地线的程序做好安全技术措施。对双电源供电的设施，做好防止反送电的措施。作业部位必须验电，验电后立即装设接地线，禁止不做安全措施或随意变更作业次序。

第五条　高空作业要戴好安全帽，脚扣登杆全过程系安全带。

进入工作现场要戴好安全帽，未经许可不得进入；登高作业要检查工器具并确认合格，用脚扣登杆应全过程系好、系牢安全带，不得失去安全保护。

第六条　梯子登高要有专人扶守，必须采取防滑、限高措施。

梯子登高前应检查并确认梯身合格、基面牢固、定位可靠；作业时梯子应与地面成 60°左右的斜角，距梯顶不得少于 1m，要有专人全过程扶守，不得单人专业。

第七条　人工立杆要使用抱杆，必须由专人进行统一指挥。

立撤杆塔要由专人统一指挥，使用合格工器具。人工立杆要使用抱杆，不得用铁锹、桩柱等代替；机械立杆起吊位置应合适，严禁过载使用。

第八条　撤杆撤线要先检查杆根，必须加设临时拉线或晃绳。

撤杆撤线应先检查杆身、杆基、拉线等是否牢固，打好临时拉线或晃绳，未经许可不得随意调整或拆除。严禁采取突然剪断导线、地线、拉线等方法进行作业。

第九条　交通要道施工要双向设置警示标志，并设专人看守。

架拆线路要由专人指挥，在公路、铁路、航道等交通要道上应双向设置标志进行警示、隔离，并设专人手持旗帜看管。禁止不采取防止挂线事故的防范措施。

第十条　放、撤线邻近或跨越带电线路要使用绝缘牵引绳。

邻近或跨越带电线路放、撤线时要就近在施工的线路上装设临时接地线，要使用绝缘牵引绳并与带电线路保持足够的安全距离。

一、“三抓三突出”

（1）抓安全措施落实，突出提高反人身事故能力；

（2）抓关键岗位培训，突出提高重点人员安全素质；

（3）抓安全隐患整改，突出提高整体安全生产水平。

二、“四个好”

（1）开好工作票；

（2）开好班前班后会；

（3）学好《农电员工安全工作手册》；

（4）开展好安全考试。

三、反“六不”

（1）反电气作业不办工作票；

（2）反作业前不交底；

（3）反施工现场不监护；

（4）反电气作业不停电；

（5）反不验电；

（6）反工作地段两端不装设接地线。

供电所防止人身事故“十不准”

（1）不准无票操作、无票工作；

（2）不准约时停送电；

（3）不准单人从事检修工作；

（4）不准不使用事故应急抢修单进行事故抢修；

（5）不准未验电挂接地线；

（6）不准在检修设备两端无接地线保护情况下进行工作；

（7）不准高空作业不系安全带、生产现场不戴安全帽、不穿绝缘鞋；

（8）不准使用未经试验合格的安全工器具；

（9）不准安规考试不合格的人员从事电气工作；

（10）不准私自从事与电力系统及用户有关的电气工作。

说明

1.“十不准”是防人身事故最基本的要求，也是最容易出现的违章行为，县公司及供电所工作人员在全面执行《国家电网公司电力安全工作规程》要求的基础上应时刻牢记“十不准”。

2.“十不准”是安全生产中坚决禁止的行为，若违反了“十不准”不论造成事故与否，都要严肃处理，当事人一律离岗培训，并对相关领导进行处罚。

第二部分　触 电 急 救

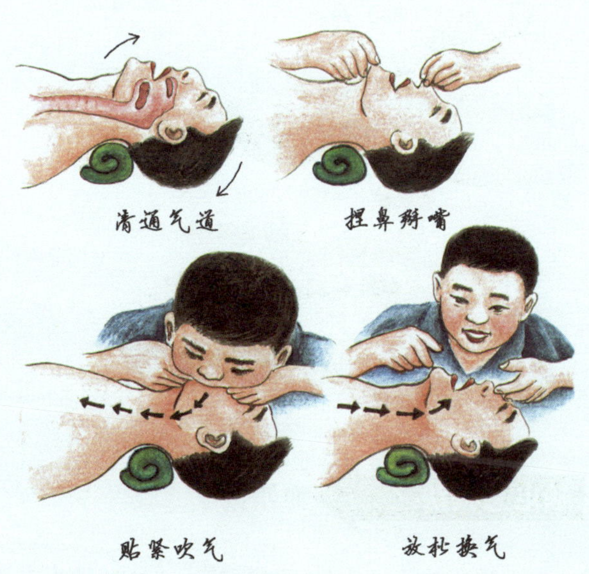

触电急救法之一：口对口（鼻）人工呼吸

（1）触电伤员呼吸停止，重要的是始终确保气道通畅；

（2）救护人员深吸气后，与伤员口对口紧合，保持不漏气先连续大口吹气两次，每次 1～1.5s；

（3）如果两次吹气后测试动脉仍无搏动，要立即同时进行胸外按压。

（4）在对伤员进行急救的同时，宜在伤员耳边大声呼叫伤者的名字，以给伤员听觉上的刺激。

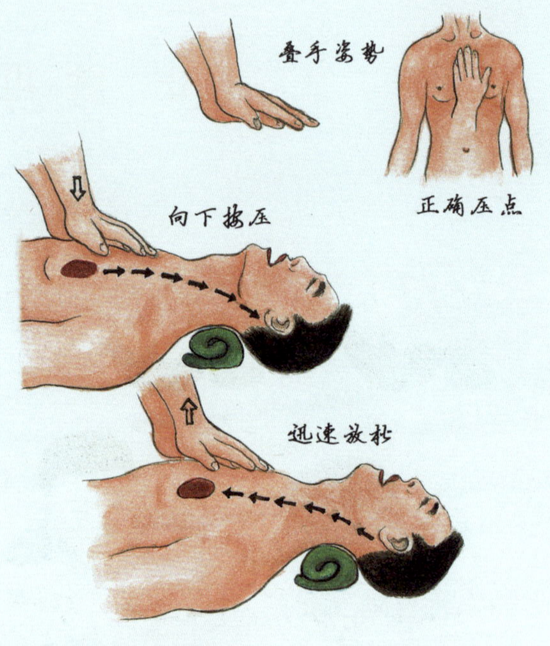

触电急救法之二：胸外按压

（1）正确的按压位置是保证胸外按压效果的重要前提。

（2）正确的按压姿式是达到胸外按压效果的基本保证。

（3）操作频率：匀速进行，每分钟 80 次左右，每次按压和放松的时间相等。

（4）与口对口（鼻）人工呼吸同时进行，其节奏为：

单人抢救：每按压 15 次后吹气 2 次，反复进行；

双人抢救：每按压 5 次后吹气 1 次，反复进行。

（5）在对伤员进行急救的同时应在伤员耳边大声呼叫其名字，以给伤员听觉上的刺激。

第三部分　人身触电

1 ××年3月19日，××供电局35kV××变电站停电进行春检。其中35kV××线496断路器清扫、刷漆，其线路侧隔离开关496－1带电。

2 约10时37分，检修班工人赵××（男29岁）在35kV 496（××线）断路器上清扫，刷完相序漆后，由于站立不稳失去重心，油漆垂直洒落在496断路器下部。

3 这时，该处的监护人任×看到赵××晃了一下，着急地“嗨”了一声，但没有起到作用。

3.1 误登带电设备，触电死亡

4 赵××的身体本能地从496断路器上部跨越，跌到距断路器1.35m的496－1隔离开关上，造成496－1隔离开关B相放电。

5 事故后，现场工作人员立即通知调度停××站××线（496 断路器），放电时间约 5min 左右，经验电做安全措施后，将赵××从隔离开关上抬下来，赵××脸部、腿部严重烧伤，已死亡。

事故原因及防范措施

一、原因分析

(1) 检修人员在496断路器上工作完后，对496－1隔离开关带电意识不强，误登带电设备是造成触电死亡事故的直接原因。

(2) 部分停电多班组、多专业工作时，工作总负责人或小组负责人兼做危险点工作的监护人职责不到位。

(3) 部分停电工作，在带电点附近有效防止工作人员误入带电间隔、误碰带电设备的措施不力。

二、防范措施

(1) 各级领导和管理人员，对安全工作不能只安排、布置、强调，必须注重具体落实。对特殊危险点的具体安全问题，要制定解决办法和针对性防范措施。

(2) 大型的多班组、多工种复杂工作，工作负责人由工区分管领导担任；工作负责人不得兼任小组负责人或专责监护人。在邻近带电设备附近工作时，必须设专人监护。

(3) 执行接受任务复诵制，特别是在不停电或部分停电工作时，工作负责人或小组负责人应考问现场作业者工作和危险因素的具体内容，待作业者回答无误后，方可开始工作。

(4) 户外35kV断路器顶部有工作时，要站在梯子或工作平台上进行，不允许站在顶部工作。高处作业需转移工作地点时，要在监护人的监护下进行。

(5) 高处作业不易采取有效防坠落措施的，要根据现场情况采取加装防护网、防护栏、防护垫等替代措施。

(6) 运行、调度部门在安排检修计划时，要合理安排运行方式，使工作地点尽量减少危险点。

1 5月9日，××电力有限责任公司安装公司变电队的工作人员王××、范××、胡××（死者，男，26岁），到××开关站的南侧终端杆上安装并固定10kV电缆终端头，为了保证供电可靠率和减少停电损失，施工时上层的10kV线路没停电，下层的380V低压公用变压器主干线路也没有停电，只是位于中层的380V路灯线路停电。

2 18 时 20 分，当时正在进行电缆头的挂装工作，王××带民工 5 人拉吊绳，范××在焊接电缆护套管，胡××在杆上接应并固定电缆头。

3 采用尼龙滑车、尼龙绳组的方式将 YJV22－240 电缆的终端头起吊到位于钢管杆的电缆支架上固定。

4 当电缆头起吊上升至电缆支架处时被挂住，杆上作业人员胡××站在钢管杆北侧的爬梯上，腰系安全带，试图推开电缆头，由于用力不当，身体失去平衡，双手去抓支撑物时，不慎触及已被吊绳破坏了绝缘的低压带电导线而触电。

5 胡××经抢救无效死亡。

事故原因及防范措施

一、原因分析

（1）胡××现场工作时，安全意识淡薄，不检查安全措施是否完善，在安全技术措施、组织措施不完备的情况下开工，是这次事故的直接原因。

（2）范××现场监护不力，盲目蛮干，是这次事故的间接原因。

（3）公司分管安全领导安全教育不力，安全检查不到位，督促不力，也是这次事故的间接原因。

二、防范措施

（1）严格执行“两票三制”，严禁无票工作，特别是在施工作业票的填写上，要针对不同的作业环境和任务，认真分析、查找危险点，真正做到施工过程中的“三交”、“三查”，个个清楚，人人签名。

（2）加强施工现场的安全管理，每个施工必须有保证安全的“三措”，要做好一切危险源的控制工作，每个施工现场必须有兼职（专职）安全员。安全员要履行职责，尤其是同杆架设，交叉跨越等复杂情况，该停电则停电，验电接地要可靠，绝不允许冒险作业，盲目蛮干。

（3）大力开展安全性评价工作，通过评价，找出电网、设备、环境等存在的不安全因素。

（4）进一步落实安全生产责任制，加强三级控制措施，建立人身、设备“在控、可控”体系。

1 5 月 29 日 15 时 40 分，××电力电缆（带电）设备施工处副经理王××担任工作负责人（监护人），带领葛××、王××（死者，男，45 岁）进入兴业干线 35 号杆作业现场进行带电接引。兴业干线 35 号杆是 10kV 线路，为双回线上下排同杆架设，上排电台线呈三角形排列，下排兴业线呈水平排列。

2 葛××开带电作业车，工作负责人王××指挥并负责监护。

3 王××坐带电作业吊斗中，先将 B 相带电接好后，又调整带电作业吊斗至 A 相。

4 王××先把分支线的绝缘皮剥掉 120mm 左右后，把绝缘线头的绝缘部位固定在带电的主线上，又把绑线的绑线头固定在主线路上，突然右手产生弧光和放电声。

5 工作负责人王××立刻让吊车放下吊斗，对伤者进行人工呼吸，送医院经抢救无效死亡。

事故原因及防范措施

一、原因分析

1. 事故直接原因

王××（死者）在作业中安全意识淡薄，作业前对屏蔽服没有认真检查，穿不合适的屏蔽服（经检查组检查确认右手套虎口处有一个小洞）作业，违反《国家电网公司电力安全工作规程》（电力线路部分）（以下简称《安规》）第8.3.2条："等电位作业人员必须在衣服外面穿合格的全套屏蔽服（包括帽、衣、裤、手套、袜和鞋）且各部分应连接好"。在等电位接引电位转移时，王××左手把着绝缘导线扒开的裸线部分，左手腕裸露，违反了《安规》第8.3.6条："等电位作业人员电位转移时，人体裸露部分与带电体不允许接触"。同时王××在接引中左手握扒开的裸线部分，左手腕裸露部分碰带电线路，违反《安规》第8.4.1.5条："严禁同时接触未接通的或已断开的两个断头，以防人体串入电路"。王××违反规程是造成这起事故的直接原因。

2. 事故主要原因

（1）王××是该次工作的负责人同时又是监护人，作业前没有对屏蔽服进行认真检查，使作业人员穿不合格屏蔽服进行等电位作业。

（2）王××作为工作负责人对所做的安全措施不完善既没有提出异议也没提出改进意见就开始作业。

王××对屏蔽服检查不认真、监护不到位、安全措施布置不完善是造成这起事故的主要原因。

3. 事故次要原因

等电位接引工作中安全措施和消弧措施不具体是这起事故的次要原因。

二、防范措施

（1）强化工作中危险点管理，对专职监护人提出具体要求，严格执行监护制，使监护人员真正起到监护作用，保证监护完全有效。

（2）加强安全监察力度，严格执行《国家电网公司安全生产工作规定》“管生产必须管安全”的原则，认真进行现场安全监察，发现违章严肃处理，确保施工现场的安全生产。

（3）认真研究带电作业方法和保证带电作业的安全措施，制定出切实可行、有效的带电作业安全细则。

（4）加强工作票的规范管理工作，工作票所列措施要具体，严格执行省电力公司下发的《工作票实施细则》或《两票补充规定》。

1 ××年6月2日7时～17时，××供电局66kV小平线、平新线停电检查，工作任务是清扫绝缘子、登杆检查。10时20分，工作负责人霍××安排李××（死者）负责小平线25～27号杆绝缘子清扫。

2 工作负责人霍××看到李××登上小平线 25 号杆后，离开现场继续安排下一组清扫作业。10 时 35 分，李××清扫完小平线 25 号杆塔后，准备清扫小平线 26 号杆。

3 10 时 40 分，李××误登带电 66kV 阿尚线 265 号杆。

4 随即发生了触电。

5 11 时，阿尚线停电后，现场人员将李××由杆上放下来。确认人已死亡。

事故原因及防范措施

一、原因分析

1. 事故直接原因

检修人员李××在结束小平线25号杆清扫工作后，清扫小平线26号杆，误认与小平线临近160m运行中阿尚线路265号杆为停电的小平线26号杆，错误登上运行中的阿尚线杆塔造成触电。

2. 事故间接原因

（1）送电检修公司对职工安全教育不够，导致作业人员安全意识差，作业人员工作时没有按检修公司及工作票所列安全措施的要求，登杆前核对线路名称、杆号；没有按安全技术措施的要求，使用流动地线及近电报警器，造成人身触电事故。

（2）送电检修公司对作业现场监督检查不够，没有认真执行《国家电网公司电力安全工作规程》（电力线路部分）第5.2.4条“在变电站、发电厂出入口处或线路中间某一段有两条以上的相互靠近的（100m以内）平行或交叉线路时，每基杆塔上都应有双重名称”和“在该段线路上工作，登杆塔时要核对停电检修线路的双重名称无误，并设专人监护，以防误登有电线路杆塔”的规定。

二、防范措施

（1）对所有安全用具及工器具应定期全面检查，及时进行补发和修补。流动地线应定期检查、维护。

（2）对送、配电线路杆塔的名称、编号应进行一次全面检查，对历年来改造后的线路标志进行检查，对不规则或不完整的线路标志及时安排消除，达到所有线路标示都安装标牌；进一步规范作业流程，细化现场的安全管理。

（3）进一步强化安全管理，加强各单位职工对《国家电网公司电力安全工作规程》、《国家电网公司安全生产工作规定》和山西省电力公司《关于防止人身伤亡事故的重点规定》的学习、理解和实际执行，认真执行现场到位和安全监护制度。

（4）在部分停电、平行和分支（交叉）线路上作业时必须设专人监护。

（5）单回路停电作业以两人为最小组成单位，逐级监护作业。

1 ××年×月×日，××供电公司下属××电力实业公司线路队队长李××带领农电工在完成工作票所列工作任务后，临时安排杆上作业人员将35kV顾兴线终端杆处弓子线接上，并通知调度员对该线路送电。次日，公司副经理谢××安排变电班班长缪××（工作负责人）带领工作人员到××变电所工作，工作任务是：①变压器加油；②设备补油漆。

2 工作班于8时左右到达工作现场后，缪××、郑××两人对35kV进线隔离开关母线侧接地刀闸及焊点补漆消缺。

3 缪××未戴安全帽，手提油漆桶登梯爬上进线隔离开关母线侧接地刀闸。

4 由于不知设备带电，在油漆至隔离开关底座附近时，带电的闸门嘴对其放电。

5 缪××随即由约 2m 高处坠落，当即被送医院抢救，经抢救无效死亡。

事故原因及防范措施

一、原因分析

(1) 线路队队长李××未按工作安排擅自扩大工作范围，工作结束后，未按《国家电网公司电力安全工作规程》（电力线路部分）第2.7.3条规定汇报设备改动情况，致使不该带电的设备带电，工作结束后也未向公司领导汇报工作现场设备改动情况，是造成这次事故的直接原因。

(2) 变电班班长缪××作为工作负责人，未认真履行工作监护职责而直接参与工作；且工作中未戴安全帽，是造成这次事故的间接原因。

(3) 公司副经理谢××在不了解工程进度和工作现场设备变动的情况下，安排变电队工作，且未向工作负责人交待现场设备有带电的可能，对该工作组织协调不力，是造成这次事故的间接原因。

二、防范措施

(1) 加强对基建工程的管理，严格按《国家电网公司安全生产工作规定》和山西省电力公司有关安全管理的规定，认真执行施工工作的“两措一案”工作制度。

(2) 加强对现场工作的管理，严格执行工作前对工作现场进行危险点分析工作，加大现场反违章工作力度。

(3) 加强对班组的安全管理，检查督促其认真开好班前班后会、安全日活动及安全措施交底会制度，做到安全措施落实到位。

1 ××年7月13日，××供电公司供电班工作负责人胡××带领方××、王××、张××三名工作人员，前往××房产公司进行接户线改造工作。约10时30分，王××站在一用户提供的铝合金梯子上装好工字钢和绝缘子后，将第一根带电的接户线往绝缘子上缠绕并绑扎。

2 大约 10 时 50 分左右，听见王××在梯子上叫了一声。

3 正在杆下整理另一根导线的张××，感到发生意外而呼叫。

4 胡××听到叫声时，抬头看到王××在梯子上颤抖，立即意识到王××发生触电，迅速与张××一道将梯子抬起外拖，由于王××身体较重，致使王××从 2.6m 高处坠落地面。

5 现场立即对其进行人工心肺复苏，11 时 10 分送到医院继续抢救，发现王××左手无名指和右小腿内侧有明显放电痕迹。至 12 时 58 分，王××经抢救无效死亡。

事故原因及防范措施

一、原因分析

（1）现场工作人员违章使用不合格的梯子，也未按《国家电网公司电力安全工作规程》（变电站和发电厂电气部分）6.12.2有关规定使用绝缘工具和戴好手套，就进行低压带电工作，是造成这次事故的直接原因。

（2）施工组织不严密，班长未严格履行工作票制度，未严格按照“明日活，今日派”的要求安排工作，在交待工作任务的同时，未做技术和安全交底，对低压带电作业未予以足够的重视，是造成事故的间接原因。

（3）现场工作负责人未认真履行安全职责，未按照布置的工作内容进行接户线的更换工作，未对现场工作人员进行明确分工，未明确布置和交待从事低压带电作业应遵守的规定和措施，是造成事故的间接原因。

（4）现场工作人员未能认真执行安全规章制度，现场纪律松弛，是造成事故的间接原因。

二、防范措施

（1）全面加强对职工，尤其是领导和各级负责人的安全教育，认真落实各级人员的安全生产责任制，提高全员安全意识和自我防范能力。特别是要加强工作人员的安全教育和安全生产技能培训。

（2）严格执行各项安全规章制度，严肃安全生产工作纪律，坚定不移开展反习惯性违章斗争。对于突出的违章行为，予以及时、严厉处理。

（3）加强特种作业人员的培训工作，按照有关安全管理规定，对转岗人员或重新上岗人员，一定要先经培训、考试合格后，方能从事相应的工作。未经考试合格而上岗工作的，要追究相关领导的责任。

（4）严格执行“两票三制”，严禁无票作业。重申必须全面落实低压带电工作的有关安全措施，各级安全生产领导和安全监督人员要认真监督、检查实施情况。

（5）加强安全生产工、器具的管理，各单位要结合实际定期检查安生生产工、器具的配备和使用情况，发现问题及时整改。加强劳动保护用品的管理，严格按照国家标准购置、发放、使用劳动保护用品。

1 ××年7月11日，李××负责拆改某村低压线路。开工前，电工杨××电话通知该开关站金××，外线队维修上述地段，让上午10时30分停电，何时供电等他再通知。金××按时停电。

2 17时，李××回开关站时口头通知金××20时30分可供电。20时20分，李××接完另一线路的电源，回到变压器边休息。开关站于20时40分供电。此时，李××接受村民张××的要求，向狗山圩方向的线路通电，李××让张××通知新屋组方向拉线的人不要拉线了，准备接电。新屋组村民喊道：“还在拉线，接不得”。

3 李××说："不要紧，我自有办法"。就踩在张××的肩上，登上狗山圩与新屋两对不同方向而共用的电杆上，先把新屋组方向的一根相线解脱缠到杆上，中性线未动，与狗山圩方向的中性线相通，后用钢丝钳夹住狗山圩方向的相线头与电源相线接通了一下。

4 接通后，电流沿线通过灯泡的钨丝流至中性线。由于中性线的始端没有接到变压器接线柱上而缠在电杆上，电流不能与变压器形成回路，使中性线对地电压升高，传至新屋方向电路。造成正在新屋地段拉线的村民张××、金××被电击倒。此时村民大喊："电死人啦!"，李××听到后没有相信，又第二次接通相线，致使张××被电击死，金××被击伤。

5 李××触犯《刑法》第114条之规定，构成重大责任事故罪，依法判处李××有期徒刑1年，缓刑2年，并赔偿死者安葬及伤者医药费等费用。

事故原因及防范措施

一、原因分析

李××身为电站外线队负责人，施工中不执行关于《国家电网公司电力安全工作规程》第 2.7.1、2.4.5、8.11.4 条中关于“完工后，工作负责人（包括小组负责人）应检查线路检修地段的状况，查明全部工作人员确由杆塔上撤下后和地线拆除后才能通电”。“严禁约时停、送电”和“低压带电工作，上杆前应先分清中性、地线，断开导线时，应先断中性线，后断开地线，搭接导线时，顺序相反”的操作规定，接电前明知新屋地段上有人正在拉线，也听到别人喊“接不得”，却还说“不要紧，自有办法”，致使单相低压线路中性线带电，是造成此次触电事故的直接原因。

二、防范措施

必须严格执行规章制度。外线队施工作业，检查、维修或拉线，要认真按照规程，有序作业。完工后，要按照程序进行检查，要加强信息沟通和相互间的联系，确认无误或无故障后，再接线通电，绝不能匆忙送电。

1 ××年9月25日上午，××县供电所副所长陈××带领4名工人检修城关站猫营区出线105号杆，该杆设在县城百货大楼处，与106号出线共杆。8时40分，陈××用一香烟纸盒写上"当班的同志，请停105"。叫一民工带到变电站，值班员黄××、李××见面后，于9时停了10kV猫营区出线。停电后，陈××未做接地保护措施，便和工人邱××到县土产公司门前上电杆作业，工人黎××上105、106共有电杆拆旧线，工人班××在杆下接新线，黎××拆完旧线就下杆了。

2

9 时，巡线工吴××问李××：“106 事故停电，是什么原因”？李××到值班室询问了黄××，得知 106 是三相不平衡停电。

3 在查阅操作表时，看到陈××写的停 105 城内电的字条，就动手检查 106 线路问题，发现 106 是中相跌落式熔断器松动，就用绝缘棒将跌落式熔断器推紧。并在记录中写上“线路无事故，处理错误”。于 10 时 10 分令值班员黄××送 106 的电。

4 11 时 20 分，当班××和黎××再上该杆作业时，造成班××、黎××触电。

5 班××经抢救无效死亡，黎××触电受伤。

事故原因及防范措施

一、原因分析

(1) 违背操作规程。陈××身为供电所副所长，带领工人改修线路，却违反操作规章，不作好短路保护，也不设置安全保护措施，造成人员伤亡的严重后果。其行为已构成重大责任事故罪。

(2) 缺乏联系沟通。李××在排除故障过程中，已看到陈××写的字条，却不与陈××进行联系，就擅自决定送电，是造成作业工人触电伤亡的重要原因。

二、防范措施

严格执行操作规程，及时加强信息沟通。改修线路，既要作好断电、设置安全保护等措施，各有关人员又要加强联系，及时沟通信息，以互相配合，统一行动，保证万无一失。

1 ××年3月10日，××供电公司110kV××集控站副站长、操作队队长吕××带领操作班当日值班负责人、操作监护人牛××、操作人杨××、曹××在陈阳无人值班站进行10kVⅡ段母线停运操作，全部安全措施于9时40分布置完毕。牛××、杨××、曹××三人均回到主控室，进行整理运行工作记录及准备设备投运操作票工作。

2 11时30分左右，10kV高压室现场施工人员及吕××忽听“咚”一声响，即跑至出事现场，发现牛××倒在10kVⅡ段母线南公Ⅱ间隔后外侧。

3 原来是牛××在无人监护的情况下，独自一人搬来木椅违章使用绝缘不合格的尼龙掸子，踩登木椅拟清理距南公Ⅱ间隔旁路隔离开关C相动触头（带电）左前方40mm柜体上面的蜘蛛网，因站立不稳，掸子头尼龙丝误触及旁路隔离开关C相动触头，引起弧光经柜体短路接地后本人右手触电灼伤倒地。

4 当即对其进行人工呼吸约1min后，抢救人员驱车将牛××送到当地医院抢救。

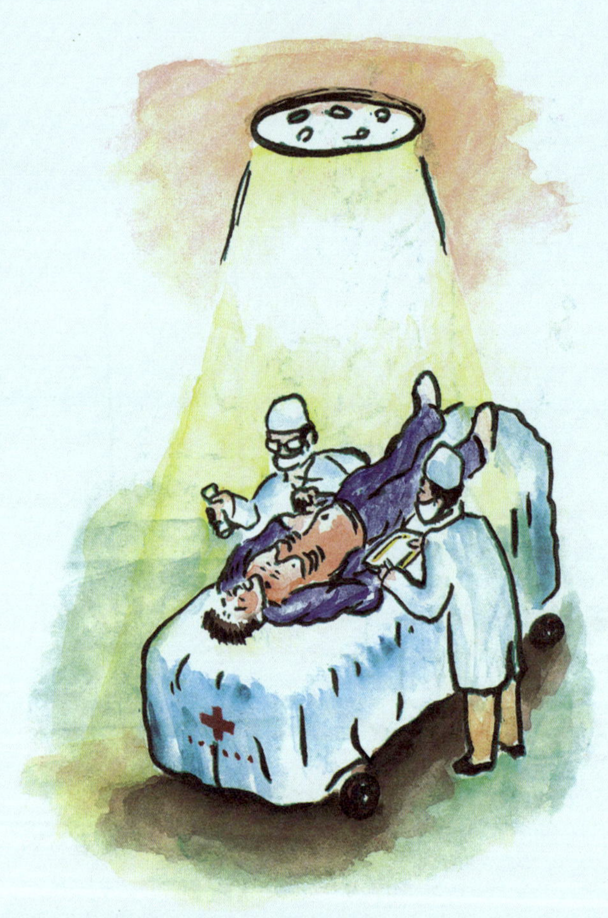

5 牛××经全力抢救无效死亡。

事故原因及防范措施

一、原因分析

经事故现场调查及对现场有关人员询问，分析认为此次事故的直接原因是由于当事人牛××严重违反《国家电网公司电力安全工作规程》（变电站和发电厂电气部分）第2.1.3条“无论高压设备是否带电，工作人员不得移开或越过遮拦进行工作；若有必要移开遮拦时应有监护人在场，并符合安全距离”和第2.4.2条“在高压设备上工作，应至少由两人进行，并完成保证安全的组织措施和技术措施”，及“清扫变电站电气设备安全规定”中有关规定，私自扩大工作范围，在无人监护的情况下，独自一人搬来木椅违章使用绝缘不合格的尼龙掸子，踩登木椅拟清理距南公Ⅱ间隔旁路隔离开关C相动触头（带电）左前方40mm柜体上面的蜘蛛网，因站立不稳，掸子头尼龙丝误触及旁路隔离开关C相动触头，引起弧光经柜体短路，导致牛××右手灼伤，倒地死亡。

二、防范措施

（1）加强安全工器具的管理。不允许无明显绝缘标志的工器具（包括办公清扫用具）进入变电站等工作场所。二次清扫用毛刷柄铁皮部分必须用绝缘物包裹，金属长柄螺丝刀金属部分必须加绝缘套等。安全工器具应定期校验，不合格的一律报废，并及时配发。

（2）加强现场工作管理。集控站值班员进入无人值班变电站巡视设备，不得少于两人且不得进行任何工作；当值值班员不得从事任何高压设备工作；现场工作必须严格遵守《国家电网公司电力安全工作规程》有关规定，并履行许可手续，持票工作。不得随意扩大工作范围，严禁工作人员失去监护。

1 ××年，××供电公司××变电所所长刘××在安排值班电工宁××和于××检修直流线路时，看到2号进线柜里有少许灰尘，就到值班室拿来了笤帚（用高粱穗做的）。

2 他右手拿着笤帚，刚一打扫，就因笤帚接近少油断路器下部时发生触电，他不由自主地使右肩胛外侧靠在柜子上。

3.10

业务不熟悉，险丢一条命

3 不一会儿，于××和宁××听到有轻微的电焊机似的响声。宁××站起来抬头一看，发现刘××在2号进线柜前站着，背朝外，柜门敞开，他判断刘××触电了。

4 宁××当机立断，一把揪住刘××的工作服后襟，使劲往外一拉，将他拉倒在柜前地面的绝缘胶板上进行人工呼吸。

5 经现场急救后送往医院救治。经医生观察诊断，刘××右手腕内侧和手背、右肩胛外侧（电流放电点）三度烧伤，烧伤面积为3%。

事故原因及防范措施

一、原因分析

(1) 刘××违章操作。刘××对高压设备检修的规章制度是清楚的，他本应当带头遵守这些规章制度，遵守电器安全作业的有关规定，但是，刘××在没有办理任何作业票证和采取安全技术措施的情况下，擅自进入高压间打扫高压设备卫生，这是严重的违章操作，也是造成这次触电事故的直接原因。刘××是事故的直接责任者。

(2) 刘某担任变电所所长工作已经两年多，由于他本人没有认真钻研变电所技术业务，对本应熟练掌握的配电线路没有全面了解掌握（在变电所的墙上有配电模拟盘，上面反映出触电部位带电），把本来有电的 2 号进线柜少油断路器下部误认为没有电，而无所顾忌地去打扫灰尘。业务不熟是造成这次事故的主要原因。

(3) 缺乏安全意识和自我保护意识。5 月 21 日，变电所已经按计划停电一天进行了大修，变电所一切检修工作都已完成。时过 3 日，他又去高压设备搞卫生。按规定，要打扫，也要办理相关的票证、采取了安全措施后才可以施工检修。他全然不想这些，更不去想自己的行为将带来什么样的后果，没有把自身的行为和安全联系起来考虑，足见缺乏安全意识和自我保护意识。

(4) 公司有关领导，特别是主管领导和专工，由于工作不够深入，缺乏严格的管理和必要的考核，对职工技术业务水平了解不够全面，对职工进行技术业务的培训学习和具体的工作指导不够，是造成这起事故的重要原因。

二、防范措施

（1）认真分析事故原因，从中吸取深刻教训。开展有关安全法律法规的教育，提高职工学习和执行“操作规程”、“安全规程”的自觉性，杜绝违章行为，保证安全生产。

（2）在全局开展电气安全大检查。特别是在电气管理、电气设施、电气设备等方面，认真查找隐患，并及时整改，杜绝此类触电事故重复发生。

（3）加强职工队伍建设，确实把懂业务、会管理、素质高的职工提拔到负责岗位上来，带动和影响其他职工，使职工队伍的整体素质不断提高，保证生产安全。

（4）要进一步落实安全生产责任制，做到各级管理人员和职工安全责任明确落实，切实做到从上至下认真管理，从下至上认真负责，人人都有高度的责任心和事业心，保证安全生产的顺利进行。

1 ××年6月15日，××乡电工宋××巡线检查时发现某大队分支线路19号电杆被风刮倒，便将分支断路器拉开，随即通知该大队电工陈××抓紧修复。

2

9月22日，陈××带领电工熊××等人将电杆修好后，不进行线路检查，不请示农电部门验收批准，擅自决定合闸送电。

3 下午2时许，陈××派五队电工熊××送了电。因生产队广播线与低压线交叉混线，造成全大队广播线带电。

4 距离混线三里处，第七生产队儿童田××正在其家路旁水沟内摸蛤蟆，被带电落水的广播线击倒，其太爷田××、母亲邱××认为孩子失足落水，跑去营救，先后触电身亡，儿童田××被击成重伤。

5 电工陈××擅自决定合闸送电，造成死亡2人，重伤1人的严重后果。县人民检察院以玩忽职守罪向县人民法院起诉，法院以玩忽职守罪判处陈××有期徒刑2年。

事故原因及防范措施

一、原因分析

违章合闸送电是这次事故的主要原因。陈××作为电工，修好被风刮倒电杆后，不认真检查线路，也不请示农电部门验收批准，擅自决定合闸送电。造成人员伤亡事故，是事故的直接责任者。

二、防范措施

遵守规定，严格安全检查。修复好线路，必须进行认真细致的检查，并报有关部门验收批准。不检查，不经验收批准，绝不能随意合闸送电。

1 ××年11月27日，××供电公司配电施工班工作负责人谢××带领正式工2名、临时工7名进行××县二期农网改造低压立杆、放线工作，14时谢××带领3名临时工在环东114城区二线路50号杆工作，工作内容定在第三层横担上搭接引流、放紧线工作。

2 谢××上杆后，右腿跨在第三层横担上，安全带系在第二层横担上方的杆子上，进行第三层新架设400V低压线与第二层400V低压主线的搭接引线工作。

3 当完成 B 相导线固定、搭接后，15 时转位准备拆 A 相旧导线时，右手误碰上层 10kV 高压引线 A 相而触电。

4 安全带下滑至第二层横担，谢××被吊在空中自行脱离电源。

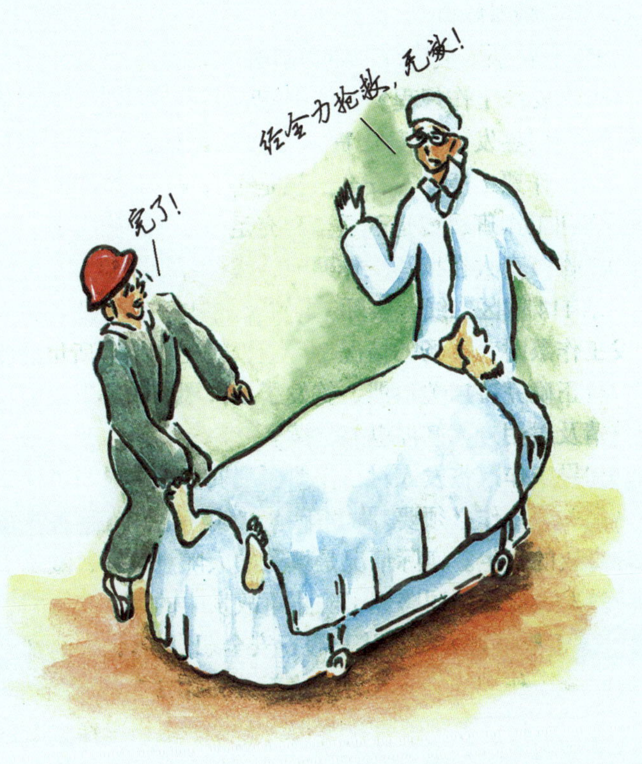

5 其工作班成员立即进行救护，将谢××从空中放下，送医院抢救，经抢救无效死亡。

事故原因及防范措施

一、原因分析

(1) 没有认真执行工作票制度：

1) 工作票签发人没有认真履行其安全职责。《国家电网公司电力安全工作规程》（电力线路部分）第2.3.11.1条规定，工作票签发人的安全责任有：①工作的必要性和安全性；②工作票上所填写安全措施是否正确完备；③所派工作负责人和工作班成员是否适当和充足。

工作负责人在填写工作票时，在“停电的设备栏”填写了环东114城区二线，实际工作中未停电。工作票签发人在签发工作票时对现场的情况不清楚，对工作票上所填安全措施是否正确完备把关不严，签发了工作票，未办理相关的停电申请及对用户通知停电的手续。

如果工作票签发人对工作票所列安全措施是否正确完备严格把关，工作必须要对114城区二线停电，就不会有人身触电事故的发生。实际情况是填写的人随意填写，签发的人草率签发，这样共同跨越了防止事故发生的第一道防线。

2) 工作负责人没有认真履行安全职责。《国家电网公司电力安全工作规程》（电力线路部分）第2.3.11.2条规定，工作负责人的安全责任有：①正确安全地组织工作；②负责检查工作票所列安全措施是否正确完备和工作许可人所做的安全措施是否符合现场实际条件，必要时予以补充；③工作前对工作班成员进行危险点告知，交待安全措施和技术措施，并确认每一个工作班成员都已知晓（即工作班成员是否已签名）；④严格执行工作票所列安全措施；⑤督促、监护工作班成员遵守《国家电网公司电力安全工作规程》，正确使用劳动防护用品和执行现场安全措施；⑥工作班成员精神状态是否良好，变动是否合适。而该项工作的负责人对以上6条安全职责均未认真履行，不但没有督促工作人员遵守规程，反而带头违反规程，自己上杆作业，自己害了自己。

3）工作班成员未认真履行其安全职责。《国家电网公司电力安全工作规程》（电力线路部分）第2.3.11.1条规定，工作票中所列工作班成员的安全责任有：①熟悉工作内容、工作流程，掌握安全措施，明确工作中的危险点，并履行确认手续，从而增强工作人员的自我安全保护意识和责任心；②严格遵守安全规章制度、技术规程和劳动纪律，对自己在工作中的行为负责，互相关心工作安全，并监督本规程的执行和现场安全措施的实施；③正确使用安全工器具和劳动防护用品。

实际工作中，工作班成员对工作负责人的违章指挥和违章作业未行使好监督的职责。

（2）没有认真执行工作许可制度。现场执行的配电—2002—20号第一种工作票没有工作许可人的签字，即在没有许可的情况下就开始工作。

（3）工作负责人没有认真执行工作监护制度。《国家电网公司电力安全工作规程》（电力线路部分）规定，工作负责人（监护人）应向工作班人员交代现场安全措施、带电部位和其他注意事项。工作负责人（监护人）必须始终在工作现场，对工作班成员的安全认真监护，及时纠正不安全的动作。分组工作时，每小组应指定小组负责人（监护人）。在线路停电时进行工作，工作负责人（监护人）在班组成员确无触电危险的条件下，可以参加工作班工作。

工作负责人谢××严重违反上述工作监护制度，未认真履行其职责，在线路带电的情况下，3个人分3组，同时在不同的地点工作，使工作失去监护，属违章指挥；自己在失去监护的条件下登杆工作，属违章作业。

（4）违反了配电变压器台上工作的有关规定。工作负责人谢××严重违反《国家电网公司电力安全工作规程》（电力线路部分）第7.1.1条“高压线路不停电时，工作负责人应向全体人员说明线路有电，并加强监护”、第5.1.1条“停电检修的线路如与另一回带电线路相交叉或接近至安全距离以内时，则另一回线路也应停电并予接地”的规定，不认真履行监护职责，违章上杆作业，未注意保持与10kV线路的安全距离，误碰带电导线，是导致本次事故的直接原因。

二、防范措施

（1）加强危险点预控工作，摸清危险点基本特性，掌握事故发生规律采取针对性防范措施。

（2）加大安全检查、监督、考核力度，严格执行各类检修作业许可及验收工作制度，加强各类工作票管理工作，规范全体职工的行为，为实现危险点预控奠定基础。

（3）坚持以人为本，开展危险性教育，认真学习和切实贯彻《国家电网公司电力安全工作规程》，加强对职工的安全知识教育，尤其要加强工作负责人安全职责教育，提高职工的安全意识和自我保护意识。

（4）坚持管生产必须管安全，谁主管谁负责的原则，加强对现场的安全生产管理，坚决杜绝各种违章行为。不断提高干部自身综合素质，尽力掌握职工的身体和心理健康状况，合理安排工作，尽量避免因身体不适和心理状态不良引发的事故。

（5）加强检修人员业务培训，加强对职工劳动纪律和职业道德教育，不断提高人员业务素质，促使职工自觉遵规守纪。

（6）严格办理许可手续。工作许可后，负责人必须始终在工作现场认真履行监护职责。当工作地点分散，监护有困难时，每个工作地点要增设专责监护人，及时制止违章作业行为。

1 ××年 2 月，××县××村从主线路上接通的一条专供村礼堂演戏用的三相低压裸铜线。农电整改时该线路被废除，但村电工程××未将此线拆除。××年 12 月，该村请剧团在礼堂演戏，因电网供电线路停电，用柴油机发电。为解决住有剧团人员的村民家里用电问题，程××与剧团电工一起将柴油机的输电线路与系统照明线路接通。剧团走后，程××不但不及时拆除，反而把柴油机线头和已被废除的线头捆在一起。电网线路供电后，使柴油机的三相线中一相带电，形成事故隐患。

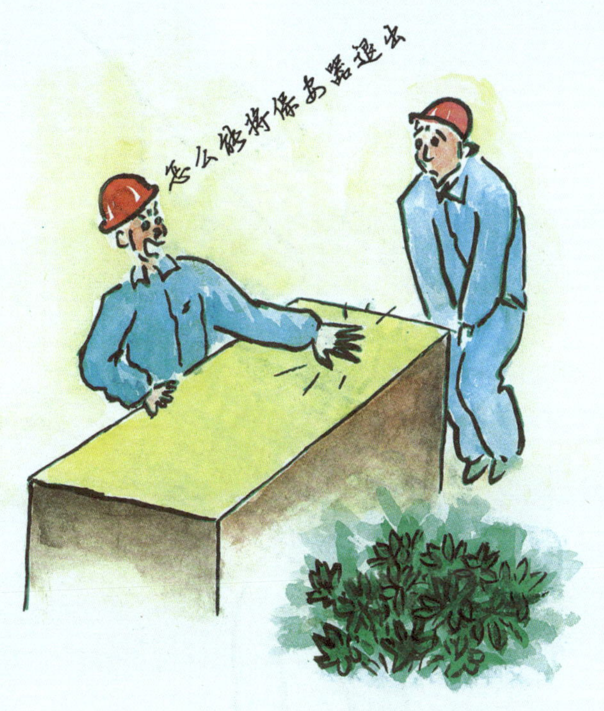

2 ××年 5 月 10 日，因线路故障，配电室送不出电，程××不去检查线路，而是将配电室内的保安器退出，强行送电。5 月 17 日，县电力局抄收员和乡农电员去该村检查配电室运行情况时发现保安器被退出，当即对程××进行批评，并罚款 30 元，将保安器恢复了正常运行。

3 5 月 19 日，因线路故障又停了电，程××再次去配电室将保安器退出，强行送电。

4 5月21日，程××的父亲雇请村民莫××等人在配电室附近整理麻土时，因有一根已歪倒的原被废除的专用线杆上的裸铜线，离地面只有60公分，妨碍施工。莫××以为废线不带电，就用手去拿，当即触电倒地，经抢救无效死亡。

5 程××闻讯后，迅速跑到配电室将保安器投入运行，又跑到礼堂将捆在一起的柴油机线头和废除的专线线头拆开，将现场破坏。

事故原因及防范措施

一、原因分析

(1) 没有及时拆除作废线路。程××身为电工，明知原线路被整改废除，不仅不及时将此线拆除反而将废除的线头与柴油机线头捆在一起，埋下了事故隐患。

(2) 违反规定，忽视安全送电。线路出现故障后，程××作为电工，不去检查原因，却违反保安器的管理规定，擅自将保安器退出，强行送电。受到批评和罚款，不吸取教训，再次违反规定，退出保安器，强行送电，致使线头失去触电保护，最终酿成人员触电死亡的严重后果。

二、防范措施

加强对农村电工的监督管理和安全送电教育。经常进行检查、考核，加强管理。发现违反规定，不遵守制度的行为，不但要批评教育，而且要坚决纠正和制止，直至解除或清退。

1 ××年5月16日8时，××供电公司110kV××变电站站长李××与副值刘××进行接班前高压设备的巡视。二人在巡视检查中，走到2号主变压器，看见地面长出小草，李××让刘××把小草清理掉。刘××听从便蹲下去拔草，李××自己一人继续进行设备巡视。

2 当走到132断路器处发现132A相支持绝缘子处有渗油痕迹。

3 李××便顺 132 断路器机构箱处登上 132 断路器基础座，在检查过程中忽视了安全距离，造成 132 断路器 A 相三角腔与其衣服沿表面放电，李××从断路器基础座掉到地面。2 号主变压器差动保护跳闸。

4 刘××听见放电声和断路器跳闸声，赶紧跑到 132 断路器处，看见李××脸朝下趴在地上，立即喊来交班的张××对李××进行紧急救护。

5 5月16日8时40分送李××去医院抢救，临时处理烧伤情况后，于当日15时送往北京304医院治疗，5月30日经抢救无效死亡。

事故原因及防范措施

一、原因分析

(1) 运行值班人员李××，在接班前的设备巡视中违反《国家电网公司电力安全工作规程》(变电站和发电厂电气部分) 第2.2.1条“经本单位批准允许单独巡视高压设备的人员巡视高压设备时，不得进行其他工作，不得移开或越过遮栏”的规定。李××、刘××二人巡视时指示副值班从事其他工作，造成单人巡视设备，失去监护。

(2) 对班组长及管理人员在工作现场的行为，没有真正得到严格控制。

(3) 运行人员素质不高，事故后通过对其他运行人员询问，不知道SW3－110断路器三角腔处带电的还有部分人员，说明设备指认工作存在差距和漏洞。

(4) 运行管理要求不严、不细，安全教育培训不够，致使个别站值班人员安全技术素质低，自我保护能力差，习惯性违章时有发生。

二、防范措施

(1) 加大反违章工作力度，加强工作监护，坚决杜绝单人巡视设备时从事其他工作，严格执行设备巡视检查工作监护制度。

(2) 工作人员不许单独留在高压室内和室外变电所高压设备区内。

(3) 工作人员在攀登设备构架前，必须核对设备名称编号，确认该设备已停电并采取安全措施后方可攀登。

(4) 工作人员在工作期间，着装应符合要求，不得穿化纤服装。

3.15

误登带电设备，触电死亡

1

××年 8 月 15 日 8 时 30 分，××供电支公司检修班工作负责人石××带领工作班成员张××等 6 人进入 110kV××变电站进行五宋线 135 断路器检修工作。张××在 135B 相断路器三叉箱体正面更换挡板胶垫，取下旧胶垫发现仍有橡胶粘在开关本体上，需要清除干净才能换新垫，但未带铲除工具。

3.15

误登带电设备，触电死亡

2 随后张××从 135B 相断路器下来，到站内厨房找了一把菜刀，因菜刀不好使，张××第二次从断路器下来。

3 随后到站内宿舍向白××借了一把小刀（事故后发现是割纸刀）。

4 再次返回时，走到离宿舍附近的运行中的天五线 133 断路器处，约 10 时 05 分张××从 133 断路器机构箱台阶上去攀到 A 相上，当双手抱着 A 相断路器支持套管时，发生触电。

5 跌到地上全身着火，在135断路器上工作的人员发现后立即抢救，用水将张身上的火扑灭，并送往省人民医院，经省人民医院诊断：烧伤面积83%，三度烧伤占50%，经治疗无效于20日死亡。

事故原因及防范措施

一、原因分析

(1) 工作还未完就将必要的脚手架提前拆除，使工作人员上下开关只能从机构箱台阶上下，造成工作中不安全的因素。

(2) 检修设备的安全围栏，标示牌虽然实施了，但不规范，围栏没有出入口、通道，进出随便跨越。同时邻近的运行中设备和机构箱台阶没有悬挂“禁止攀登，高压危险!”标示牌，也没有遮栏，致使带电设备的安全设施不完善。

(3) 监护工作不力，且不能从以往事故中吸取教训，违反《国家电网公司电力安全工作规程》(变电站和发电厂电气部分) 第 3.4.3 条“工作负责人在部分停电时，只有在安全措施可靠，人员集中在一个工作地点，不致误碰有电部分的情况下方可参加工作”的规定和省电力公司通报中一再强调的：部分停电的工作，应设专人监护并且监护人不应参加检修工作的要求。因此这次检修中工作监护人未认真履行监护职责是事故发生的重要原因。

(4) 检修作业中安全教育不够，人员思想麻痹，未看清设备名称编号盲目爬上带电设备，反映出部分工作人员自我保护意识和实际的自我保护能力还很差。

二、防范措施

(1) 设备检修作业要求从检修程序、工作环境、个人防护、安全设施、工器具、材料摆放等方面做到标准化，使职工在检修工作中有一个保证人身安全的良好条件。

(2) 严格执行《国家电网公司电力安全工作规程》中

有关工作监护的规定，开工前应向工作班人员详细交待现场安全措施、带电部位和其他安全注意事项；工作中工作监护人必须始终在现场对每个工作人员的安全认真监护，及时纠正不安全的行为动作，在部分停电时，有可能发生误入带电间隔，误上带电设备的情况下，工作监护人应认真执行监护职责，不得参加工作，以确保每个工作人员的安全。

3.16 电工送电心切，错上电杆身亡

1 ××年 3 月 30 日 11 时，村电工赵××匆匆忙忙来到某供电所，向所长说，他本人管理的赵庄台区配电变压器高压下线中相烧断，配电变压器现已缺相运行，影响了群众的生产生活用电，急需处理。所长听后告诉他，现在没有停电计划，赵××说，现在好多群众急需用电浇烟苗，水泵、电线都已接好了，很着急。

2 经赵××再三催促，所长就同意了停电处理缺相故障，随即安排本所人员靳××为工作负责人，与赵××一道去处理缺相故障。

3 11时50分，靳××骑摩托车带着赵××拿着一组接地线来到赵庄台区配电室门前。这时，靳××发现安全工具不够，便对赵××说：“你在这里等着，我去把绝缘手套和验电笔拿来”。说完骑摩托车走了。

4 等靳××返回工作地点时，发现赵××已登上与配电室相邻的一基旧电杆（农网改造后，旧线路未拆除仍带电）触了电。靳××大声喊来周围村民。

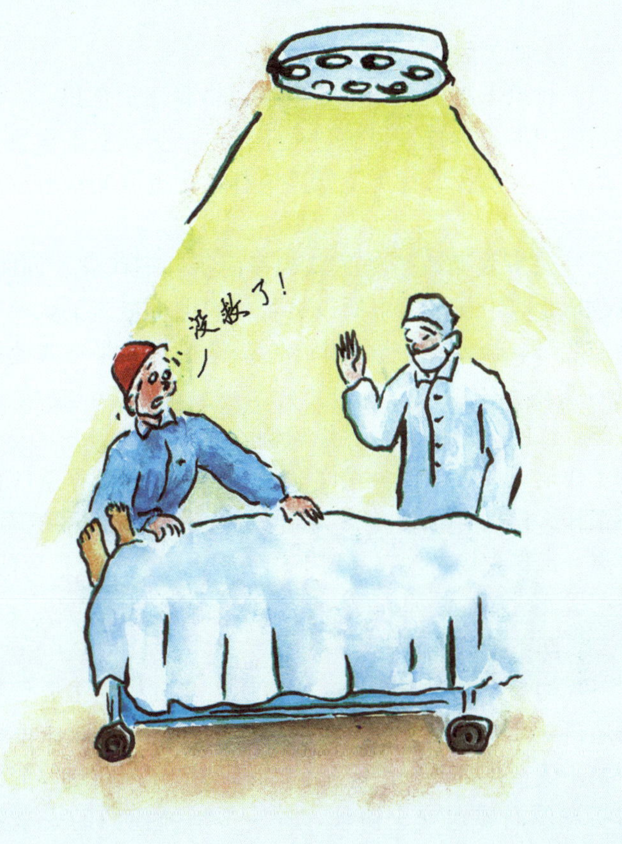

5 大伙把赵××从电杆上放下，一边实施急救，一边拨打“120”急救电话，经医生检查，赵××已死亡。

事故原因及防范措施

一、分析原因

(1) 村电工赵××业务素质低，自我保护意识差，没有履行组织措施和技术措施，由于送电心切，在工作负责人（监护人）不在的情况下错登电杆，是造成此次事故的直接原因。

(2) 该所农网改造施工队未及时拆除旧线路。同时，农网改造验收组和该供电所没有督促农网改造施工队及时拆除旧线路，给事故的发生留下了安全隐患，是造成此次事故的重要原因。

(3) 该所负责人安全思想松懈，漠视规章制度，安全管理工作随意性大，擅自允许电工在没有办理工作票的前提下工作。同时，工作负责人靳××工作前准备不充分，私自离开工作现场，没有起到工作负责人应负的监护责任，也是造成此次事故的原因之一。

二、防范措施

(1) 加强农电安全管理。供电所人员及村电工要始终不渝地树立"安全第一，预防为主"的思想。按规定办理工作票，认真执行安全组织措施和技术措施。同时，电力部门要与他们签定安全协议，进一步增强他们的安全责任感。

(2) 供电所负责人在安排工作时，要切实把好工作人员素质关，对不能胜任的工作负责人，不得单独安排工作。同时，加强生产一线人员的安全教育和业务技能培训，不断提高他们的防范能力和业务知识。只有这样，工作时才能胸有成竹，才能做到"三不伤害"。

(3) 工作前开好班前会，向工作班人员讲清楚安全措施、带电部位和注意事项，做好危险点分析，做好事故超前预控和可控。在工作时，工作人员要自始至终保持良好的精神状态，集中精力，严格遵守有关规章规定。同时，工作负责人要起到监护人的责任。

(4) 供电所安全监察人员应切实履行自己的安全职责，对安全规程制度要全方位、全过程监督本所工作人员认真执行。同时，加大反习惯性违章力度，严查重罚，杜绝习惯性违章的发生。

(5) 农网验收组和供电所人员，要严格按照规程制度进行工程验收，若发现有影响安全的隐患、缺陷，及时要求农网改造施工人员进行整改，否则不得投运，防止事故的发生。

3.17 高压窜入低压，造成群伤群亡

××年2月19日20时，××县××乡30kVA配电变压器低压侧C相出线一16mm^2裸铝线在离桩头12cm处被剪断，并接到10kV高压侧C相上。

3.17

高压窜入低压，造成群伤群亡

2 因此变压器高压C相线路与低压C相线路碰线短路。使低压侧出线所有用户线路电压由220V增至10000V。造成低压侧出线发红起火，同时照明灯泡发光特亮、爆炸、发出吱吱响声。

3 群众见此情况，用手拉开关，关闭灯头，发生了触电。

4 这次触电事故造成了群伤群亡。

5 事故涉及 9 个生产队，132 户，死亡 4 人，重伤 8 人，轻伤 20 人。损坏 30kVA 变压器一台，10kV 避雷器、跌落式熔断器各一组。

事故原因及防范措施

一、原因分析

(1) 2月19日20时，威××等2人为使自己大队的灯亮些，用钳子把30kV配电压变压器的低压侧C相出线剪断，接到10kV高压C相上，因而发生严重触电事故。

(2) 该乡水电站管理极差，平时无人值班，门不上锁；电缆管理混乱。

(3) 值班人员缺乏专业技术知识。在这次事故过程中，电站断路器先后跳闸三次，都未引起值班员的警惕，不找原因，又不懂为什么跳闸，所以一次又一次的合闸，以致扩大了事故范围。

二、防范措施

(1) 对所有水电站进行一次安全用电大检查，凡不符合安全用电的电器设备，必须更换或及时处理。

(2) 要定期培训各水电站的管理人员和各大队的电工。

1 ××年 8 月 15 日，××供电支公司三佳供电所副所长韩××接到西湛泉村村长郭××的电话，称该村机井房石板刀闸上端冒火星，因本村电工外出，请求三佳供电所帮助处理。

2 韩××签发低压工作票后，与临时电工赵××、刘××赶到现场，检查石板闸确有冒火星现象。

3 刘××拉开跌落式熔断器，并在1号低压杆挂接地线1组后，三人到机井房处理石板闸接线松动缺陷，工作完后，三人返回变压器处。

4 在韩××、赵××打开电表箱观察时，刘××在未经许可，没有监护的情况下，私自登上变压器台。

5 随后其触电落地，后经抢救无效死亡。

事故原因及防范措施

一、原因分析

经检查发现，造成刘××触电的原因为：该变压器B相跌落式熔断器后直接与铝丝相连（本村电工所接），而B相跌落式熔断器内并无熔丝，虽已拉开三相跌落式熔断器，但变压器B相高压侧仍带电，刘××可能想上变压器检查低压套管的接线是否松动，而触及高电压造成触电坠地死亡。

造成事故的原因：

(1) 该变压器及所属低压设备为西湛村产权，而××供电支公司并未与该用户签订《用户用电设备施工、维修合同》，在支公司不知情的情况下，三佳供电所所长、副所长违规指挥，安排工作人员到用户设备上工作，违反了《省电力公司供电所防止人身事故“十不准”》第十条规定：不准私自从事与电力系统及用户有关的电气工作，违反了××支公司《关于加强用户设备管理的有关规定》。

(2) 刘××（死者）安全意识淡薄，自我防护能力差，擅自超越工作范围，本应是低压工作，确私自登上变压器台架，造成触电。

(3) 工作负责人赵××，工作班成员韩××监护不到位，既未能及时发现变压器跌落式熔断器B相直连的铝丝，也未能在工作期间对工作班成员实施有效的监护。

(4) 西湛村电工私自将跌落式熔断器B相用铝丝连接，而工作人员不了解用户设备运行状态，操作粗心大意，未能发现B相直连的铝丝，使变压器B相高压侧带电。

二、防范措施

（1）严格遵守《省电力公司供电所防止人身事故“十不准”》之规定，杜绝“干私活”的行为发生。

（2）严格执行“两票”规定，严禁超越工作范围，严禁工作中监护不到位。增强工作人员的安全意识和自我防护能力。

（3）各级人员认真学习《电业生产事故调查规程》，此次事故因供电所所长、副所长的指派、参与，定性为农网生产人身死亡事故。

（4）加强对用户设备的管理、监督工作，把握其运行状态，及时安排用户设备的消缺工作，消除事故隐患。

1 ××年 5 月 11 日下午 16 时，××支公司服务公司修试班陈××接到生药厂工程部质量人王××的电话，请他去处理电缆头发热问题。

2 陈××在没有请示公司领导的情况下，私自带领3人前往生药厂。

3 到达生药厂低压配电室后，陈××与生药厂值班电工匆忙赶到配电柜后查看电缆头发热情况，其他3人中1人在配电柜前，2人在值班室等待。

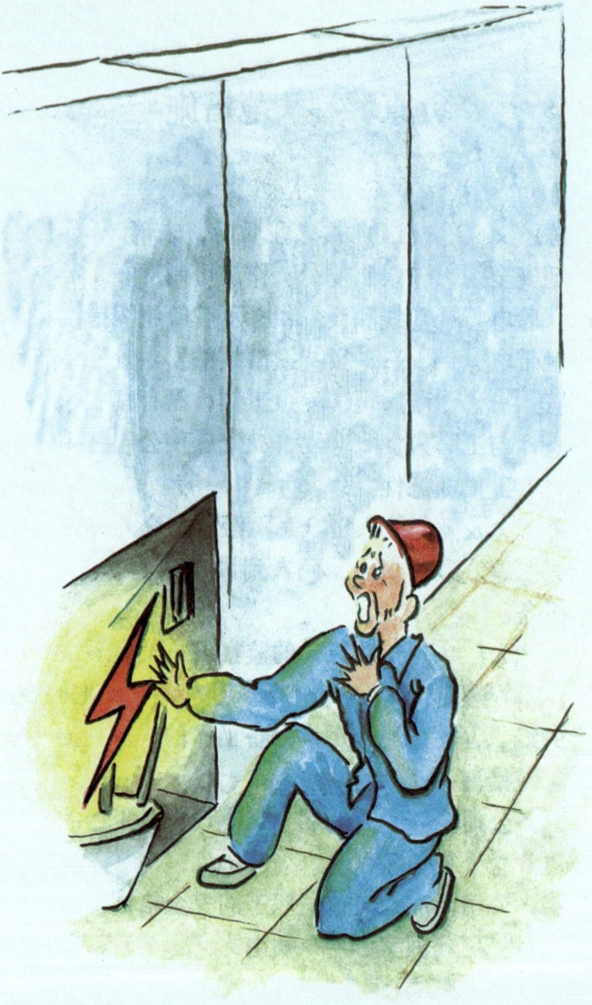

陈××到配电柜后面，在未采取任何安全措施的情况下，用手触摸电缆头，造成触电，经抢救无效死亡。

事故原因及防范措施

一、原因分析

（1）陈××在接到用户报修电话后，未请示有关领导，未执行保证安全的工作票制度、工作许可制度、工作监护制度及停电、验电、挂地线和设遮栏标示牌等组织措施和技术措施就手触带电设备，造成了此次事故的发生。

（2）服务公司对到用户设备上工作，没有相应的管理制度，用户直接与工作人员联系处理缺陷，使公司对职工失去管理和监督，工作随意性大。

（3）陈××及随行 3 人安全意识淡薄，个人防护及相互保护的能力较差，致使陈××1 人到设备区查看设备情况，误碰带电设备。

（4）做为大用户的管理机构的监察班，没有对到大用户设备上工作的管理制度和许可制度，用户设备发生问题后，没有正常的组织程序来规范用户设备工作的作业行为。

二、防范措施

（1）服务公司要完善公司职工到用户设备工作的管理制度，杜绝此类个人行为的发生。

（2）服务公司要加强对公司职工的安全培训工作，任何工作都要严格执行《国家电网公司电力安全工作规程》、“两票”的有关规定，坚决杜绝“三违”现象。

（3）监察班要完善对用户设备管理的相关制度，做到凡事有章可循，规范用户设备的管理。

（4）加大违章处罚力度。

3.20 私装发电机，触电死亡

××年 8 月 9 日下午 17 时，××供电支公司洪相供电所对 10kV 广兴 5763 线路玄中支线进行更换导线施工。

2 由于工作地段两侧未装接地线，当作业人员在玄中支线 26 号杆进行接线时该线路突然来电，导致作业人员触电后从杆上摔下。

3 作业人员经现场抢救并送医院抢救无效死亡。

事故原因及防范措施

一、原因分析

(1) 导致玄中支线带电的直接原因是玄中寺进行土建施工，该施工队在线路停电后私自启动未报装备案的发电机，未采取任何安全措施，致使发电机发出的电升压反送到正在改造的玄中支线上。

(2) 未在工作地段两段（末端30号杆处）和有可能送电到停电线路的分支线（玄中支线的西岭支线）装设接地线，未拉开跌落式熔断器，安全措施不完备，是此次事故的主要原因。

二、防范措施

(1) 严格执行《国家电网公司电力安全工作规程》、“两票”的各项条款。

(2) 落实工作票签发人、工作负责人、工作许可人及工作班成员的安全责任，切实做到各负其责。

(3) 加强用户双电源管理，尤其是自备发电机的管理，加大查处和处罚力度。

(4) 必须严格执行对现场应采取的安全措施。

1 ××年3月8日，××供电公司根据年度设备预试工作计划，由修试所高压班和开关班对城东变电站35kV城西Ⅱ回线路405断路器、避雷器、电压互感器、电容器进行预试及断路器油试验工作。

2 在做完断路器试验，并取出油样后，高压班人员将设备移到线路侧做避雷器及电压互感器预试工作。

此时，开关班人员发现城西Ⅱ回线路 405 三相断路器油位偏低，需加油。

3.21 走错间隔，触电死亡

3 在准备工作中，开关班工作负责人（兼监护人）查××因上厕所短时离开工作现场。

4 11时29分，开关班临时工热××走错间隔，误将正在运行的305断路器认作停运检修的405断路器，爬上断路器准备加油。

5 热××刚触到 305 断路器 A 相，发生触电，随即从 305 断路器 A 相处坠地。

6 热××经抢救无效于 2005 年 3 月 8 日 11 时 36 分死亡。

事故原因及防范措施

一、原因分析

（1）工作票不规范，没有填写现场具体安全措施，属不合格工作票；工作票审核、批准未能严格把关，管理存在漏洞。

（2）工作许可人没有认真履行职责，在布置现场安全措施时没有认真进行现场查看和进行危险点分析，现场安全措施不完善，未设置工作遮栏。

（3）工作负责人没有认真履行应有职责，没有召开工作班前会，没有认真向工作班组成员进行安全交底；同时不严格执行现场监护制度，造成事故隐患。

（4）临时工安全意识差，没有对现场工作的设备进行核对，走错间隔，导致事故发生。

二、防范措施

（1）按照有关安全规程规定的要求，严格执行“两票三制”，特别要加强“两票”的审核、批准和签发制度的执行力度。

（2）加强对三类工作人员（工作票签发人、工作负责人、工作许可人）的安全教育和管理，确保其严格履行各自的安全职责，从安全生产组织措施各个环节上把好关。

（3）认真开好班前会和班后会，进行认真的安全和技术交底，做好危险点分析和预控工作。

（4）切实加强工作现场的安全监督检查力度，凡涉及到人身和电网的重大工作任务时，必须有专职的安全员在现场进行安全监督，确保人身和电网、设备安全。

（5）加强对临时工的安全管理，按照临时工有关安全管理工作规定，从安全教育、技术培训、安全考核与持证上岗、现场工作安排、现场监督检查、工作监护等各个环节着手，切实搞好临时工的安全管理。

××年 5 月 25 日，××供电公司 10kV 火南线发生接地故障，供电公司安排线路班进行分段停电检查。

2 由于现场人员将需要停电的 10kV 火南线和 10kV 城夺线（两条线路同杆架设，火南线在上，城夺线在下）误报为 10kV 火南线和 10kV 城调线，导致调度将上述两条线路停电，而没有对 10kV 城夺线停电。

3 工作人员上杆塔工作前又未验电和挂接地线，结果造成一人触电死亡。

事故原因及防范措施

一、原因分析

（1）安全责任制落实不到位。

（2）保证安全的组织措施、技术措施和防护手段没能不折不扣地落实。

（3）现场危险因素分析和预控不完善。

（4）作业现场安全监督管理不到位。

（5）责任心不强，违章、违纪现象严重。

二、防范措施

（1）按照有关安全规程规定的要求，严格执行“两票三制”，特别是加强“两票”的审核、批准和签发制度的执行力度。

（2）严格使用调度术语和设备双重称号。

（3）严格执行保证安全的技术措施和组织措施。正确进行现场作业，保证安全措施正确，施工作业安全，真正做到“不伤害自己，不伤害别人，不被别人伤害”。

××年8月23日，××县供电公司桥下供电所在10kV梅岙641线路埠头支线放线施工。

3.23

现场不清，触电死亡（二）

2 由于所放导线跨越一条运行中的 0.4kV 农排线路，两线相接触，造成正在拽线施工的三人同时触电。

3 经抢救无效，发生三人死亡的重大人身事故。

事故原因及防范措施

一、原因分析

8月23日触电事故，直接原因是由于工作负责人工作前没有到现场勘察，不清楚现场情况，没有发现跨越低压线路，因而没有采取防止触电的安全措施，导致施工中人员触电。

二、防范措施

各单位要把“安全第一，预防为主”的方针，切实放在各项工作的首位，正确处理深化改革，减人增效，用工市场化后的安全与效益的关系，安全基础要加强，安全的基本制度要坚持，安全责任制的各种责任人要到位。针对事故情况要重点抓好以下工作：

（1）要进一步重申工作负责人、工作票签发人、工作许可人、工作监护人的安全职责，明确各自的把关作用，尽职尽责。工作负责人要在施工前进行现场勘察，对现场各种复杂的环境因素应做到了如指掌，制定与现场实际相符的、安全措施完备的、合格的工作票，为安全施工做好组织和技术措施。工作票签发人、工作许可人、工作监护人要按照“安规”要求，切实履行好各自的安全责任。

（2）对施工人员要求进行有效培训，切实掌握《国家电网公司电力安全工作规程》，正确进行现场作业，保证安全措施正确，施工作业安全，能够做到“不伤害自己，不伤害别人，不被别人伤害”。

（3）各单位要认真制定和修订安全工作现场规程，把安全措施落实到各项现场工作中，并根据生产体制和设备情况的变化，及时进行修订，确保现场规程符合实际，行之有效，成为各项生产施工的安全保障。

3.24 现场不清，触电死亡（二）

9 月 1 日，××市供电公司峡口供电所对 10kV 定村 128 线三卿口支线 2～7 号杆线路进行拆除工作。

2 工作负责人在现场随机发现有一低压 220V 线路从 2～3 号杆线下穿过。

3 于是安排一名工作人员上低压杆挂设接地线（后来发现所挂接地线不正确），然后进行拆线工作。

4 在所拆线路与该低压线接触时，却发生了拆线施工人员触电，造成一起一死二伤的人身触电事故。

事故原因及防范措施

一、原因分析

9月1日事故的直接原因是由于工作负责人工作前没有到现场勘察，在现场虽已发现有跨越低压线路，但是停电、验电、挂接地线等安全措施执行违反操作程序，不符合规定，导致地线形同虚设，因此在施工中发生人员触电。

二、防范措施

各单位要把“安全第一，预防为主”的方针，切实放在各项工作的首位，正确处理深化改革，减人增效，用工市场化后的安全与效益的关系，安全基础要加强，安全的基本制度要坚持，安全责任制的各种责任人要到位。针对事故情况要重点抓好以下工作：

（1）要进一步重申工作负责人、工作票签发人、工作许可人、工作监护人的安全职责，明确各自的把关作用，尽职尽责。工作负责人要在施工前进行现场勘察，对现场各种复杂的环境因素应做到了如指掌，制定与现场实际相符的、安全措施完备的、合格的工作票，为安全施工做好组织和技术措施。工作票签发人、工作许可人、工作监护人要按照《国家电网公司电力安全工作规程》要求，切实履行好各自的安全责任。

（2）对施工人员要求进行有效培训，切实掌握《国家电网公司电力安全工作规程》，正确进行现场作业，保证安全措施正确，施工作业安全，能够做到“不伤害自己，不伤害别人，不被别人伤害”。

（3）各单位要认真制定和修订安全工作现场规程，把安全措施落实到各项现场工作中，并根据生产体制和设备情况的变化，及时进行修订，确保现场规程符合实际，行之有效，成为各项生产施工的安全保障。

1 2006 年 8 月 13 日，××供电局××供电所根据镇政府要求，安排村电工税××和叶××二人到自来水厂机房院内安装配电板、室内照明，税××担任工作负责人。

2 18时许，叶××安装开关和插座，税××去搭头。

3 18 时 20 分左右，叶××装完开关插座下楼，发现税××左手抓着线，头向右倾倒在 8m 圆杆横担和导线上。

4 相关人员立即停电后，将税××从电杆上放下，经抢救无效死亡。

事故原因及防范措施

一、原因分析

（1）税××在带电搭头时违反安全规程和操作规程，未采取带电搭头的相应安全措施，而是坐在横担上进行带电工作，造成触电死亡。

（2）税××作为小组负责人，不认真执行规程制度，不认真履行监护职责，单独工作，造成带电作业无人监护。

二、防范措施

（1）各单位要组织全体职工利用一定时间认真学习、讨论《国家电网公司关于加强安全生产工作的决定》、《国家电网公司安全生产职责规范》及《开展反事故斗争的紧急通知》等文件，仔细查找本单位安全生产工作中的薄弱环节和隐患，仔细梳理本单位规章制度建设上存在的不足，深入开展反事故斗争，全面落实规程制度，确保安全生产。

（2）各单位所属供电所应全部停止所有工作，集中学习整顿三天。整顿期间如有事故抢修，由其上级供电局、供电公司组织人员进行抢修。抢修期间严格执行领导和各级管理人员必须到场的规定，加强现场安全监督。

（3）从8月15日起，凡《安规》考试未合格人员，一律离岗学习。通过学习，由本人提出申请进行补考。补考不及格的，作下岗处理。下岗学习一个月后，经考试合格，达到被招聘工作岗位规范的要求，重新组聘上岗。各单位仍要组织多种有效形式的培训，让全体员工真正做到对新《安规》的熟悉、理解和贯彻执行。

（4）对所有作业项目开展反事故专项检查，重点开展“反违章督察”工作，加强作业现场“两票三制”的执行和标准化作业程序管理。

1 2006年8月18日，××县供电局××供电所10kV外桐152线因雷击造成单相接地，姜家供电所安排王×带领4名工作人员到外桐152线富石支线巡线。在巡线至富石支线富峰电站（并网小水电）时，根据线路故障情况分析，认为故障点可能在富石支线富峰电站变压器上，当即决定对该变压器进行绝缘测试。

2 9时30分左右，王×进入该落地变压器的院子内，其他工作人员跟随其后十余米处。王×在未采取任何安全措施的情况下（验电笔、操作棒和接地线放在现场的汽车上），就去拆变压器的高压端子，造成触电。

3 事故发生后，现场人员立即对王×就地进行急救，随后送医院，经抢救无效死亡。

事故原因及防范措施

一、暴露问题

（1）巡线工作小组负责人王×的安全意识极为淡薄，缺乏自我保护意识，没有执行《安规》中明确的“事故巡线应始终认为线路带电”的规定，在事故巡线中未将事故线路视为带电。

（2）现场工作人员违章作业严重，首先现场无票工作，其次未等工作人员到齐并进行“二交一查”后即盲目开始工作，更为严重的是在现场作业竟未采取“停电、验电、挂接地线”等安全技术措施。

（3）用户设备管理存在严重安全隐患，放置落地式变压器的院子没有防止人员随意进入的永久性固定大门，安全措施不完善。用户电工在现场未严格执行工作许可制度，未制止王×违章作业。

（4）工作人员在现场工作时，对于用户产权的设备运行维护权限概念不强。当用户设备缺陷引起电力部门管辖设备运行异常时，应督促用户自行处理或受委托后进行处理在没有得到用户委托前，电力部门不得擅自对用户设备进行任何工作。

二、防范措施

（1）切实加强对职工的安全意识教育，迅速将事故情况传达到每一位职工，针对事故暴露出的问题，举一反三，吸取教训，进一步增强职工的自我保护意识，提高职工严格执行安全规程的自觉性。

（2）深入组织《国家电网公司电力安全工作规程》的学习，严格执行事故抢修的相关工作规定。在事故巡视时严格执行“应始终认为线路带电，即使明知该线路已停电，也应认为线路随时有恢复送电的可能”等线路运行维护和配电设备作业的安全规定，提高岗位技能水平。

（3）进一步深入开展反事故斗争，加强反习惯性违章斗争，加强反违章作业的教育培训、制度管理和监督查处。严格执行“两票三制”及安全监护制度，即使在事故处理工作中也必须严格执行“两票三制”，切实落实停电、验电、挂接地线等各项安全措施，坚决杜绝各种违章行为。

（4）要进一步理顺主辅关系，落实安全职责，严格执行各单位和部门人员的安全责任制。

（5）进一步理清用户和电力部门设备运行、维护界线。加强对用户产权设备的安全监察，督促用户对存在的安全隐患进行落实整改。同时要完善并落实在用户设备上工作履行许可制度等各项安全措施。

（6）各单位要结合本单位、班组实际，认真组织每个职工分析讨论，举一反三，落实各项防范措施，防止类似事故发生。

第四部分　高 处 坠 落

4.1 安全措施不力，高处坠落死亡（一）

1 ××年1月12日，××供电公司××35kV变电所2号主变压器开始大修工作，11时30分左右，班长牛××通知副班长李××，先安排秦××、阴××、白××三人做2号主变压器直流电阻试验。

2 三人的分工是秦××负责高压套管上接线，阴××操作，白××做记录，按 A、B、C 相的顺序进行试验。

3 当开始进行C相直阻测量接线时，阴××安排白××回班内问班长是否需要倒分接头开关测下一个分头的直流电阻。此时，现场只剩下阴××和秦××二人。

4 大约 12 时 6 分左右，阴××正低头准备读表，忽听到有金属响声，抬头看时，秦××已坠落到变压器油坑处，头部着地。

5 阴××赶紧跑过去呼叫秦××的名字，没有回应。便及时将秦××移至平坦处，汇报领导，领导赶紧组织人把秦××送往医院进行抢救，于当日 19 时 30 分抢救无效死亡。

事故原因及防范措施

一、原因分析

（1）2号主变压器C相套管处有油污，容易滑落是造成这起人身死亡的主要原因。

（2）2号主变压器高压试验的工作负责人牛××因故离开试验现场，也未安排其他人员担任安全监护人，致使2号主变压器高压试验中失去专人监护，是事故发生的重要原因之一。

（3）作业中工作人员自我防范意识不强，对自身工作环境是否安全没有足够认识，在有油污的环境中作业警惕性不高，没有采取有效的防止滑落的安全措施。

二、防范措施

（1）配备适合电气设备室外作业的升降车等设施，给工作人员提供更安全的工作条件和更完备的安全工器具。

（2）严格执行工作监护制度，必须做到不管人员多紧张，都不能没有工作监护人，不能使作业人员失去监护。

（3）工作现场脏、乱、差是事故的温床，今后在干任何一项工作前应首先把现场和检修设备清理干净，方可工作，养成良好的文明检修习惯。

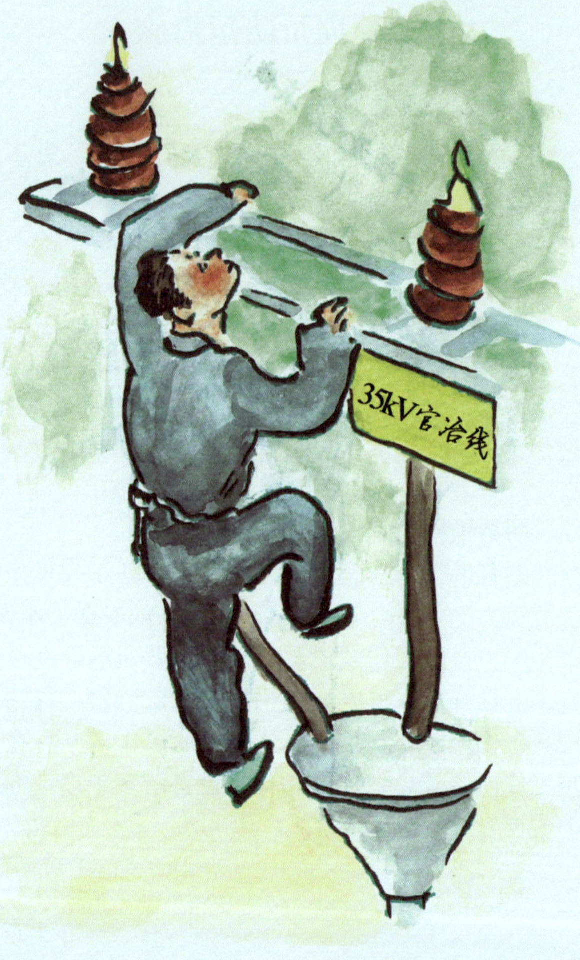

1 ××年 6 月 28 日，××供电公司进行 35kV 官冶线电缆故障的处理工作。

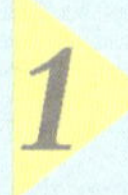

2 工作班成员曹××在电缆支架上（支架由两条槽钢固定在门架水泥杆上，距地面 2.5m 高）蹲着安装紧固电缆头的抱箍。

3 12 时 50 分，电缆头固定好后，由于曹××尚未吃午饭，天气又比较热，在往起站的过程，脚未站稳，失去平衡，不幸从电缆支架的 2.5m 高处摔跌至水泥地面上。

因曹××未戴安全帽，未系安全带也无其他防护措施，曹××头部先着地受伤。

5 立即送往医院抢救，经抢救无效于当天 15 时死亡。

事故原因及防范措施

一、原因分析

（1）电缆两侧均有工作，工作负责人只监护另一侧，使曹××工作中失去监护。

（2）曹××工作中安全帽戴得不符合规定要求，作业中低头时安全帽掉落地面后，未及时戴好。

（3）曹××在 2.5m 高处作业未系安全带，也未采取其他措施。

二、防范措施

（1）严格执行安规有关防止高处坠落事故的规定，在高处作业中必须规范地系好安全带，戴好安全帽。

（2）工作中要认真落实安全监护制度，安全监护人的职责必须到位。

4.3

断路器爆炸起火，致人高处坠落死亡

1 ××年 5 月 14 日，××供电公司计划 7 时 30 分开始合联络分 1 号油断路器（原在常切位）。

2 7 时 35 分操作人崔××准备合联络分 1 号断路器。

3 操作中断路器突然发生爆炸，燃烧的断路器油洒落在身上使其周身起火。

4 大火烧断其安全腰绳后，崔××坠地。

5 崔××经当时现场第一监护人李××、第二监护人陈××及随后赶到的 120 急救中心奋力抢救无效死亡。

事故原因及防范措施

一、原因分析

经过现场勘查、检查各种安全措施，完全符合要求，确认对断路器操作正确。通过对断路器解体检查、测试未发现接触不良现象，但有多处放电痕迹。经有关专家分析认定，原因是在油断路器合闸操作过程中出现的过电压使A、B相相间短路，致使断路器油质炭化并气化造成膨胀爆炸起火。出现过电压的原因是此断路器作为联络断路器，两侧线路负荷不同，线路参数不同，容性负荷分布不均，操作时产生过电压，此过电压与断路器操作过程中的操作过电压在峰值叠加造成系统过电压，这种小几率的峰值叠加是造成此开关爆炸的直接原因。

二、防范措施

(1) 结合农网改造，加快更换柱上运行油断路器的速度，尤其是联络用柱上油断路器，在这类断路器未更换之前，所有柱上运行油断路器暂不进行操作。

(2) 更换后的联络断路器也要适当调整操作时间，尽量安排在感性负荷启动后进行操作，防止容性负荷产生过电压。

(3) 与有关专家进行沟通，探索操作过电压的解决方法。

4.4

麻痹大意，坠落死亡

1 ××年 5 月 13 日，××村在农村低压电网改造测量过程中，大队雇用配合测量电工李××，由于村内房屋影响视线，需拿花杆上房顶进行测量定位。

2 上房前，××供电公司测量负责人和房主再三提醒，刚下过雨，房屋前檐不牢固，要注意安全。

3 他们的话没有引起李××（男 53 岁）注意，在刚摸到房檐时，从 2.7m 高处坠落，头部落地，当即昏迷。

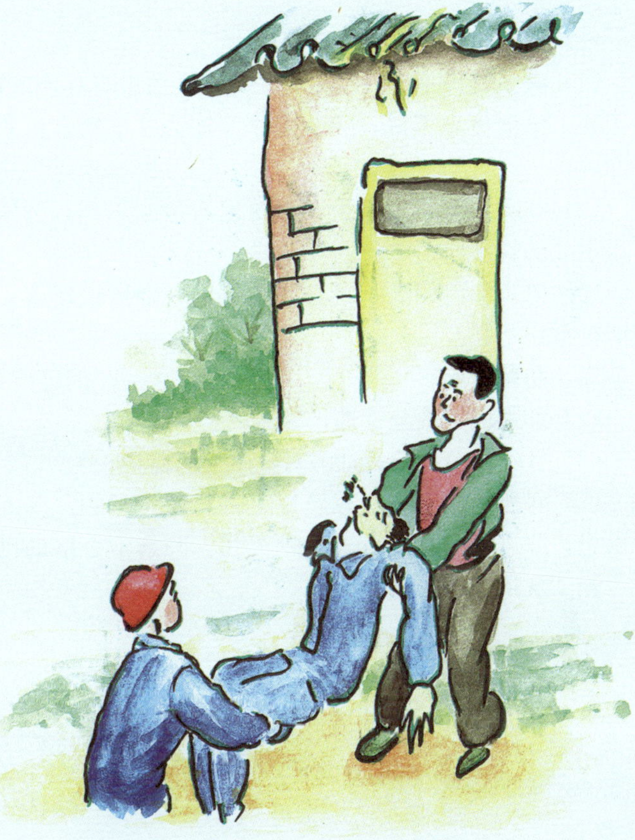

××供电公司测量人员发现后，立即与两名大队干部一起将其送往医院，李××经抢救无效死亡。

事故原因及防范措施

一、原因分析

(1) 电工管理不严，身体素质差，生前患有高血压病，头天晚上浇地休息不好，疲劳工作，是造成本次事故的直接原因。

(2) 登高安全措施不力，危险因素控制不严，是导致本次事故的管理原因之一。

(3) 电工年龄偏大，自身素质低，安全意识淡薄，自我防护意识不强。

二、防范措施

(1) 加强民工安全管理，提高民工安全意识。

(2) 杜绝疲劳作业，加强对危险人的监护。

(3) 对所有施工人员以及民工进行停工整顿，查不安全隐患，并进行安全教育及培训工作，严禁不合格的民工进入施工现场。

××年 5 月 16 日，××县供电公司进行 35kV××线路检修工作。线路班李××在 20 号杆上作业，王××在杆下监护。

2 杆上工作结束后，李××准备下杆，当从横担位置下杆时，由于杆上缺部分脚钉，未认真检查，左脚蹬空，失手从11m处坠落地面。

3 由于摔落过程中安全帽脱离头部，因坠落地面时头部先触地，造成当即死亡。

事故原因及防范措施

一、原因分析

（1）作业人员下杆过程中未认真检查脚钉的牢固性，是本次事故的主要原因。

（2）下杆过程中失去安全带的保护，也是本次事故的原因之一。

（3）安全帽带未系紧，致使坠落过程中头部失去安全帽保护。

二、防范措施

（1）认真检查并补全线路脚钉；

（2）上、下杆前认真检查脚钉；

（3）戴安全帽应扎紧下颌带，严防脱落；

（4）加强杆上作业监护。

1 ××年元月 26 日，在××供电支公司和××供电所不知情的情况下，南张家村村委安排本村电工宋××与邻村的两名电工一起进行村内配变的更换工作（由 50kVA 更换为 100kVA），村长也在工作现场。

2 中午12时许，在把50kVA变压器放置到地面后，因为没有吊车，用装载机将100kVA变压器起运至变压器台架边缘，宋××在装载机上一脚踏在台架上，两手扶变压器就位。

3 突然装载机抖动了一下，变压器和宋××一起从变台架上掉了下来。

变压器压在了宋××腿上，宋××被送往医院后，因失血过多而死亡。

事故原因及防范措施

一、原因分析

(1) 南张家村在更换配电变压器时，违章使用装载机进行变压器的吊装，导致了此次事故的发生。

(2) 村电工宋××安全意识淡薄，个人防护意识不强，在高空作业时，未系安全带，致使自己与变压器一同掉下，造成人身死亡。

(3) 农网改造后，配电变压器、线路等资产未及时移交，村委会自认为配变仍属于本村管理，故私自安排了变压器的更换，产权不明，造成管理上的漏洞。

(4) 供电所对所辖村子的安全宣传、安全教育不够，村长违章指挥，村电工违章作业。

二、防范措施

(1) 供电所要加强对农电工的培训、监督，尤其是在作业过程中如何正确使用机械，如何做好个人防护方面，以确保人身安全。

(2) 在农网改造后，要尽快明确配电变压器、线路等资产的产权，加强对设备的管理，防止非产权单位对设备进行维护、更换工作的发生。

1 ××年5月，某县电业局线路班进行35kV线路检修，工作人员使用升降板上下电杆进行作业。

2 有一名工作人员在用升降板下杆的过程中，由于使用手法不当，上下两个板的间距过大，只好用双手去操作。

3 当用双手去摘上板的挂勾时，身体失去平衡。

4 该工人从 8m 多高处坠落到地面。

5 结果造成颈椎骨折的严重伤害，经医治无效死亡。

事故原因及防范措施

一、原因分析

（1）登高作业安全措施不当，危险因素控制不严，是导致本次事故的管理原因之一。

（2）作业人员技术不过关，自我防护意识不强，严重违反《电力安全工作规程》（电力线路部分）第6.2.2条和第6.2.4条规定，是本次事故的直接原因。

（3）监护人员监护不到位，违反《电业安全工作规程》（电力线路部分）第2.5.1条“工作负责人、专责监护人应始终在工作现场对工作班人员的安全进行认真监护，及时纠正不安全行为”的规定，致使工作人员的不安全行为不能得到及时纠正。

二、防范措施

（1）严格执行工作监护制度，不能使作业面的人员失去监护。

（2）加强作业人员技术培训，掌握各类工器具的正确使用方法，做好个人安全防范措施，以确保人身安全。

（3）使用升降板前，应先检查脚踏板有无断裂腐朽、绳索有无断股缺陷，然后进行人体冲击试验，不合格的严禁使用。

（4）用升降板登杆时，升降板的挂钩应朝向上方，并用姆指顶住挂钩，以防松脱，在倒换升降板时，应保持人体平衡，两板间距离不宜过大。

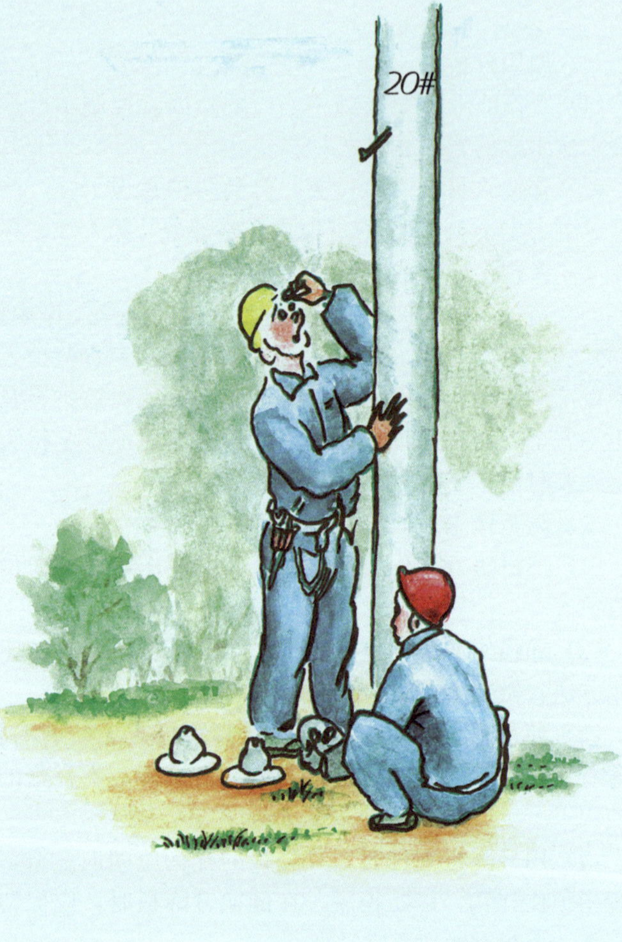

1 ××年 5 月 16 日，某地区供电公司在 110kV××线停电检修。

2 检修班刘××在 20 号杆上作业，王××在杆下监护。

3 工作结束后，刘××准备下杆，当从横担位置下杆时，由于混凝土杆缺部分脚钉，右脚登空，从12m处坠落。

王××立即进行人工呼吸并将刘××送往医院。

5 经抢救无效刘××死亡。

事故原因及防范措施

一、原因分析

（1）违反《国家电网公司电力安全规程》（电力线路部分）第 6.2.4 条“上横担进行工作前，应检查横担连接是否牢固和腐蚀情况”的规定，致使在下杆过程中，因对攀爬设施未认真检查，麻痹大意，造成高空坠落。

（2）执行安规不严，监护人未认真履行职责，监护不到位。

二、防范措施

（1）严格执行《国家电网公司电力安全工作规程》，加强安全思想教育。

（2）在高空作业上下杆塔时，严格执行《国家电网公司电力安全工作规程》（电力线路部分）第 6.2.2、第 6.2.4 条、第 6.2.5 条和 2.5.1 条有关规定，监护到位并认真检查登杆工具及攀爬设施，确保工具合格。

××年 4 月 16 日，检修二班张××在检修 110kV 大泉线时，发现该线 35 号杆叉梁中心螺体脱出半截，工作负责人李××命张××上杆处理此项缺陷。

2 张××在上杆后，未系安全带，将左、右扣蹬在叉梁上。

3 在工作中，张××不慎从 8m 处摔下。

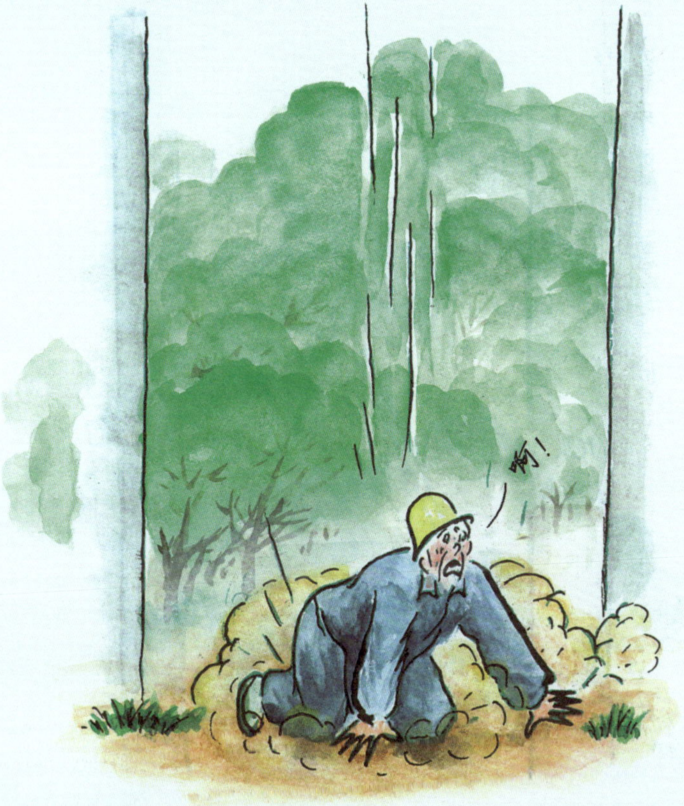

幸好该杆四周土质松软，而张××头戴安全帽，且双手着地，故未造成严重伤害。

5 张××只受轻伤。

事故原因及防范措施

一、原因分析

（1）工作人员在杆塔上作业时，严重违反《国家电网公司电力安全工作规程》（电力线路部分）第6.2.2条和第6.2.5条有关规定，未系安全带，致使不慎高处坠落，是事故的直接原因。

（2）作业人员安全意识淡薄，自我保护意识不强。

（3）严重违反《国家电网公司电力安全工作规程》（电力线路部分）第2.5.1条和第2.5.2条规定，监护不到位，现场作业的习惯性违章行为未能及时纠正。

二、防范措施

（1）凡在杆塔上高处作业，必须使用安全带和戴安全帽。

（2）在杆塔上或其他构架上高处作业，必须使用双保险安全带，系安全带后必须立即检查扣环是否扣牢扣好。

1 ××年 5 月 8 日，某供电公司修试管理所在新建的 35kV 某线 N61 塔进行线路参数测试，由本公司送电管理所配合在该线路末端进行短路和接地等工作。

2 当进行到C相线路测绝缘时，在铁塔横担主材内侧角铁上待命的检修班工作人员受令去解开C相接地线。

3 当其解开扣于角铁上的安全带，起立并用手去拿身旁已解开的转移防坠保险绳时，因站立不稳从 18m 高处坠落。

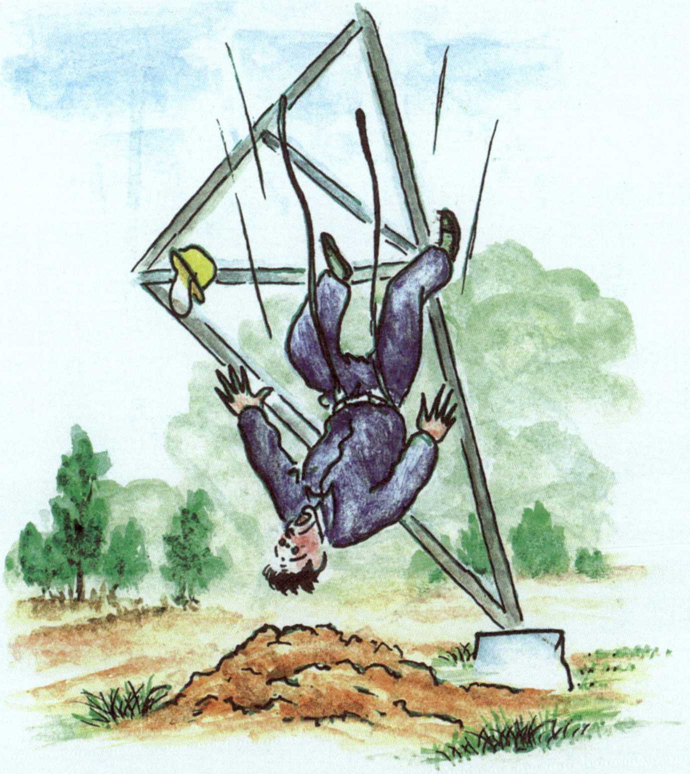

4 所戴安全帽在下坠过程中脱落，致使头部撞在塔基回填土上，受重伤。

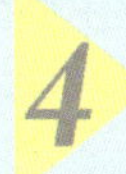

事故原因及防范措施

一、事故原因分析

（1）工作人员在杆塔上作业时，因解开扣子角铁上的安全带，致使失稳从高处坠落，是事故的直接原因。

（2）作业人员安全意识淡薄，自我保护意识不强。送电管理所工作人员在杆塔上作业，虽然是一项经常性工作，但对杆上作业危险性重视不够，以致在高处作业移位时失去安全保护。

（3）安全帽及其佩戴方法不符合要求。所使用的竹条安全帽没有帽箍、后箍。佩戴安全帽时，下颚带没有扎紧系好，以致下坠时安全帽脱落，导致头部直接受外力冲击，加重了脑部的受伤程度。

（4）安全组织、技术措施还未真正落实到班组，现场施工管理中缺乏全面的安全防范措施，在杆塔上作业，未明确工作监护人。对现场作业的习惯性违章行为未能及时纠正。

（5）对生产现场安全工器具、劳保用品、安全防护用品的使用不规范。

二、防范措施

1. 杆塔上作业的安全要求

（1）凡是杆塔上高处作业，必须使用安全带和戴安全帽。

（2）上杆塔前应先检查登杆工具、防坠工具是否牢固、可靠、完整、符合要求。上、下杆塔时，应有具体防止坠落的安全技术措施，以防登高过程中下坠时失去保护。

（3）在杆塔上作业，包括在杆塔上待命、休息、位置转移等，任何时候都不得失去后背防坠保险绳的保护。

（4）在办理许可手续后，工作负责人必须始终在工作现场认真履行监护职责。当工作地点分散，监护有困难时，每个工作地点要增设专责监护人，及时制止违章作业行为。

（5）攀登杆塔和在杆塔上作业时，每基杆塔都应设专人进行全过程监护。对有触电危险或施工复杂，容易发生事故的部位以及由新工作人员负责进行的工作，应设专责监护人。专责监护人不得兼任其他工作。

（6）挂接地线时，应先接接地端，后接导线端。装、拆接地线时，工作人员应使用绝缘棒，戴绝缘手套，人体不得碰触接地线，以防感应电压伤害。

2. 安全帽方面的防范措施

（1）进入生产现场，必须戴安全帽，并系好下颚带。没有下颚带的安全帽不允许使用。

（2）购入的安全帽应有产品检验合格证，安全帽应经验收合格后方准使用。

（3）现场使用的安全帽应有制造厂家、商标、型号、制造日期、生产合格证、生产许可证编号等永久性标记。不齐全的，应查明产品来源，否则视为不合格产品。

（4）安全帽的使用期以产品制造日期开始计算，植物枝条编织帽不超过 2 年，塑料帽不超过 2.5 年，玻璃钢橡胶帽不超过 3.5 年。

（5）达到上述使用期后的安全帽，由单位组织按国标《安全帽试验方法》进行抽查测试，合格后方可继续使用，以后每年抽检 1 次，抽检不合格的应将全批安全帽报废。

3. 安全带方面的防范措施

（1）在杆塔上或其他构架上高处作业，必须使用带有后背防坠保险绳的双保险安全带，系安全带后必须立即检查扣环是否扣牢扣好。

（2）安全带应系在杆塔及牢固的构架上，防止安全带从杆顶脱出或从构架上松脱。在杆塔、构架上转移位置时，不得失去后背防坠保险绳的保护。

（3）为了减少人体对地的绝对落差，安全带应高挂低用，并注意防止摆动碰撞。当使用 3m 以上长绳时，应加装缓冲器。

（4）安全带应全数作定期试验。外表检查每月 1 次。静负荷试验按 2205N 拉力拉 5min，每半年 1 次。试验后检查是否有变形、破裂等情况，并做好试验、检查记录。不合格的安全带应及时淘汰。

（5）安全带使用 2 年后，按批量购入情况，抽检 1 次；围杆带做静负荷试验，以 2205N 拉力拉 5min，无破断可以继续使用。对抽试过的样带，必须更换安全绳后才能继续使用。

（6）安全带使用期限为 3～5 年，发现异常应提前报废。达到使用期限 5 年的安全带，尽管外表无损伤，也应报废。

1 ××年8月16日，某施工队完成三层楼面捣制工程后，需升高脚手架砌墙。因架子工徐××请假回家，廖××便擅自安排泥工汤××、学徒工屈××开架作业。

2 由于汤××、屈××二人不懂扎架技术，把一些不合规格的带皮小杉条圆木当作小横担杆使用。

3 架子升完后，廖××未去现场检查验收，便安排人员将红砖担放到架板上。

4 27 日下午，架子工徐××回到工地，发现西三墙的架子不合要求，便将情况向队长作了反映。

5 第二天早上，廖××也发现西三墙的横杆木小了，并看见徐××正在更换。但在尚未换好的情况下便要工人上工。

6 当一名泥工刚走到西三墙架板上时，一根小横担因承受不住重量而断裂，架板下塌。导致那名泥工从9m高的架板上摔下来，造成左额骨粉碎性骨折，经医院抢救无效死亡。

事故原因及防范措施

一、原因分析

违章作业，不顾安全。廖××身为施工班长，只注意施工进度，忽视作业安全，擅自安排不懂扎架技术人员扎架，并违反“脚手架搭设完毕要经过施工负责人验收，合格后方能使用”的规定，不到现场检查验收，对事故的发生埋下了隐患，在隐患未完全排除时，便指挥工人冒险作业，是造成此次事故的主要原因。

二、防范措施

遵守规定，安全作业。施工作业中，要牢记安全生产的规定，做好监督检查工作，要按照作业人员的技术和分工，实行各负其责，严禁混乱指派，擅自安排。在安全与进度出现矛盾时，应优先保证安全，只有在安全得到保障的前提下，才可继续工作。在事故隐患和不安全因素未彻底排除前，决不能轻易指令作业，以避免事故的发生。

1 ××年3月12日17时30分，河南省某供电局家属楼施工，公司施工队队长张××、提升司机张××、瓦工张××准备上六层去，他们不从楼梯上，而违章乘提升机上。

2 这时，提升机操作手王××正准备由四层往六层上运木料，司机张××走过去，将提升架由四层落下，让王××送他们上六层。王不同意，说“提升架不能乘人”。张××见王××不给开，就强行让旁边的于××给开（于××非操作司机）。

3 于××开机前，看见提升料盘上已站着张××等3人。于××将提升架升到二层停了一下，架上的人向上摆手，于××又将提升架升到三层停一下，架上的人又向上摆手。

4 当升到六层时，提升架被一根施工架杠挡住，停机的同时，钢丝绳被拉断、提升架突然坠落。

5 3 人坠落后，经抢救无效死亡。

事故原因及防范措施

一、原因分析

（1）施工现场管理不善，制度不落实，提升机缺乏应有的维修保养，为事故埋下了隐患。

（2）职工安全素质差，非操作手违反“非司机不准开机”、“料盘上不准上下人”的规定，这是发生事故的直接原因。

二、防范措施

（1）强化安全教育，完善安全责任制和各种安全制度。

（2）定期对各种设备进行维修、保养，确保各种设备处于良好工作状况，严禁设备带病工作。

1 2006年8月7日，×县电力公司中村供电所根据县公司安排，对中村乡政平街道俭底村二组农村低压电网进行改造施工，当日工作任务：在112中政线政平街道支线3号、4号杆南侧约150m处立10m水泥电杆两根、架设横跨早长公路220V线路一挡约30m、安装低压电表箱3个，安装低压照明电表5块，最后接低压地埋引流线。工作地点3号、4号杆高低压线路同杆架设，10kV线路不停电。

2 工作前对 3 号杆前段 400V 政平街道支线停电，并装设接地线。

3 下午 15 时 20 分，因新立杆位协调不通、立杆作业吊车未到现场，工作负责人昔××向两名工作成员王××、史××宣布结束工作，并当着两人的面上杆拆除了接地线，然后交待二人收拾工器具后到马路对面饭馆（饭馆距 4 号杆约 15m）吃饭。

4 昔××、王××一同进入饭馆，不久昔××发现史××未来饭馆，马上出去寻找。

4.13 擅自登杆，造成电击死亡

5 昔××走出饭馆门口，看见4号杆上冒火花，史××已在杆上触电，并从杆上掉下。

6 立即将史××送到医院，经抢救无效死亡。

事故原因及防范措施

一、原因分析

（1）工作班成员史××在明知安全措施已拆除、工作负责人宣布工作已结束、无任何人员指派及监护的情况下，擅自登杆，造成电击死亡，是本次事故的主要原因。

（2）××电力局安全管理缺乏有效手段，对农电工的安全行为教育不够，是本次事故的次要原因。

（3）中村供电所对本次施工缺乏有效的组织措施，施工现场危险点分析不够，对施工过程中可能发生的事故没有预防措施是本次事故的次要原因。

二、暴露问题

（1）××电力局对此项工程安全重视程度不够，不能正确执行工作票制度，在明知工作地点和范围是高低压同杆架设及10kV线路带电的情况下，错误地使用了第二种工作票，未按规定要求对高压线路停电。

（2）××电力局中村供电所在现场施工前，未严格执行现场勘察制度，未根据现场勘察结果，对危险性、复杂性和困难程度较大的作业项目编制组织措施、技术措施、安全措施。

（3）××电力局中村供电所在实施本次立杆、架线、安表、接引流线的工作中，组织不严密，未制定周密细致的施工方案和“三项措施”及危险点分析预控措施。

（4）工作票签发人张××在安排本次大型现场工作中，没有充分考虑工作量，只派了三人实施本项工作，对所派工作负责人和工作班人员数量考虑不周。

（5）市供电公司对代管××电力局安全生产管理工作

检查督导不力，安全管理工作还有欠缺，对农电安全工作管理不严、不细。

三、防范措施

（1）××电力局立即停工一周，结合本次事故认真开展安全生产整顿，在全局范围广泛开展安全培训及安全思想教育，查找安全管理漏洞和隐患，补充和完善安全生产管理制度，整改存在问题，并对即将开工的网改、业扩报装及其他类似工程，从组织措施、技术措施、安全措施三个方面认真分析，采取针对性措施严防类似事故的发生。

（2）××电力局结合新《安规》学习宣贯工作，认真学习《安规》条文，在月底前重新进行一次全员《安规》考试，对考试不合格者要补考、重考，直至合格。工作现场要严格执行《安规》，安全监督人员要深入班站、所施工现场监督检查指导。

（3）××县电力局局长、支部书记要在安全生产整顿期间健全本局安全责任体系，明确责任分工及安全生产管理渠道，建立安全生产周协调会制度，基层站、所计划实施的各项生产工作由主管领导负责协调，亲自或安排相关人员深入施工现场进行全过程安全技术监督，此项工作月底前必须完成并上报市供电公司。

（4）各县（区）电力局要以此为鉴，吸取教训，强化现场安全生产管理工作，各级领导及生产管理人员要深入施工现场，结合当前开展的“反事故斗争”活动及省公司《关于认真开展基建专项安全监督的通知》文件要求，以“三铁”反“三违”，严格约束工作人员工作中的私自行为，规范现场工作人员的作业行为，加强监督、提高认识、落实责任，采取扎实有效的事故防范措施确保各类现场职工的生命安全，切实做到“三不伤害”。

（5）各生产施工现场工作，要制定严密的施工方案和

"三项措施"及危险点分析预控措施，认真执行"标准化作业指导书"，严格执行逐级审批制度。开工前要认真进行安全技术交底，确保措施落实到位。

（6）各县（区）电力局对于基层站、所及班组开展的大型复杂工作，在开工前要从安全技术措施方面予以指导，并检查其施工准备情况。施工期间加强沟通联系，及时检查或抽查现场安全生产情况。

（7）各县（区）电力局要认真吸取本次事故教训，对照本次事故暴露出的问题，检查各自在组织实施类似工作的计划准备、责任落实、施工过程、工作结束等各个环节是否严格贯彻落实了安全管理措施，是否做到安全生产的全员全过程管理。

第五部分　倒　杆　塔

5.1 违章指挥，造成杆倒人亡

1 ××年5月5日，××供电支公司农网施工队在××村低压电网整改工地立村中12m杆。

2 杆起立后因拉绳挂在旧低压线上被卡死，影响电杆就位。

3 在坑未进行埋土，电杆未就位的情况下，在现场的村技术负责人擅自命令农村电工王××（33岁，外协工）上杆，将受力拉绳解开。

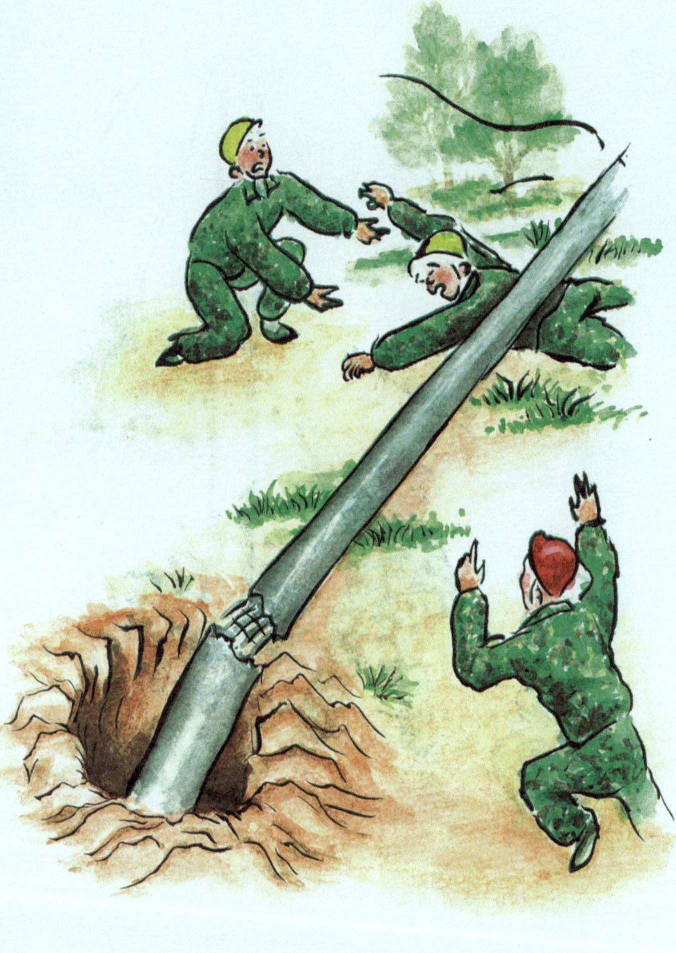

王××上杆后，突然，电杆向反方向倒下，并在齐坑口处断成两截，王××随电杆坠落到地面，当即身亡。

事故原因及防范措施

一、原因分析

施工现场安全管理差，严重违反《国家电网公司电力安全工作规程》（电力线路部分）第6.5.11条“临时拉线应在永久全部安装完毕承力后方可拆除”和第6.5.12条“已经立起的塔杆，回填夯实后方可撤去拉绳及叉杆。杆基未完全夯实牢固和拉线塔杆在拉线未制作完成前，严禁攀登”的有关规定，现场指挥混乱，工作负责人擅离岗位，安全监护人监护不到位，工作人员违章作业，施工“三措”在实际工作中未得到认真落实。

二、防范措施

（1）高处作业应认真落实安全监护制度，安全监护人的职责必须到位。

（2）加强“以人为本”安全管理，加大反违章力度，开展作业前危险因素分析和预想，认真实施危险因素控制措施，切实预防各种作业中人身伤亡事故的发生。

（3）加强城乡农网改造中施工队伍的安全意识。

（4）坚持“安全第一，预防为主”的方针，处理好安全与速度、安全与效益的关系。

1 ××年 11 月 25 日 12 时许，××供电公司在架设 35kV 石克线过程中，施工工作负责人翟××和工作班成员共 10 人在施工现场组立 8 号杆。11 时 40 分左右吊车开始起吊，12 时左右将杆起吊到位，遂开始正杆打拉线。由于吊车停放位置使 8 号杆东南方拉线无法打，故只打了其他 3 根拉线。

2 工作负责人翟××安排工作班成员用一根直径为 24mm 的尼龙绳绕在一小树上 2 圈半，做临时拉线替代东南向固定拉线，并指派工作班成员侯××等人拉紧防止电杆倾斜。

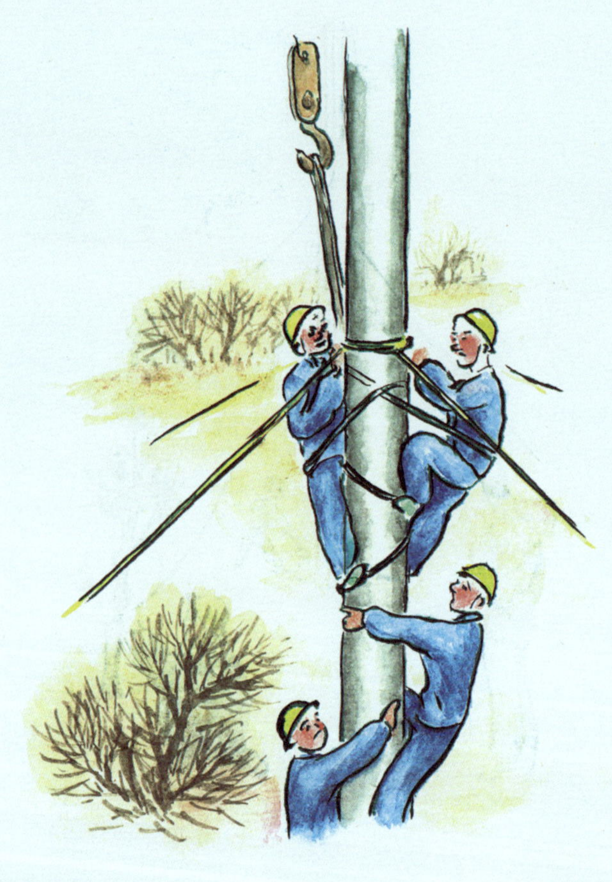

3 随后翟××指挥工作班成员王××、郑××、原××、卢××4人登杆拆除吊车起吊用钢索。

4 起吊钢索拆除后，吊车臂收回，在拆除起吊架过程中，因拉线受力不平衡，造成杆向西北方向倾倒，杆上 4 人随杆摔下。

5 现场施工人员迅速用施工车辆将 4 人送医院抢救，其中王××、郑××经抢救无效死亡，另外 2 人住院治疗。

事故原因及防范措施

一、原因分析

(1) 施工工作负责人翟××在吊车立杆工作受施工场地影响的情况下，未与设计部门和有关领导联系，在工作现场情况发生变化后，擅自做主改变施工方案，利用尼龙绳在小树上缠绕并安排工作人员拉紧作为临时拉线，严重违反了《电力建设安全工作规程》“不得利用树木或外露岩石作牵引或制动等主要受力锚桩”和“临时拉线应使用钢丝绳，双杆塔不少于6根”及“未绑扎固定前不得登高”等规定是造成这次事故的直接原因。

(2) 现场施工人员安全意识淡薄，自我保护意识不强，违章作业是事故发生的间接原因。

二、防范措施

(1) 针对施工现场安全管理混乱，擅自更改施工方案的严重违章现象，制定《施工现场管理规定》，规范施工现场秩序。

(2) 加强职工安全教育培训工作，每年定期举办安全教育、技能培训及“三工”教育培训班。

(3) 加强城乡农网改造过程中的现场安全管理，严格执行省电力公司制定的各级领导和专业技术人员到位规定，并加大检查监督力度。

(4) 各级领导要认真落实安全生产责任制，经常深入作业现场。在抓好主业管理的同时，加大对多经企业的检查督促。

1 ××供电公司 35kV 渭三线路近期多次、多处严重被盗，已危及沿线群众安全，于是安排拆除该线路 26～34 号残留旧导线。8 月 14 日，班长（现场总指挥）毕××带领 4 名班员在 28 号杆进行拆旧工作。10 时 40 分到达工地后，发现该线路 28 ～31 号杆之间剩余二根导线又被盗，27～28 号杆西边两根导线仍在，28 号杆向西南稍有扭斜。

2 毕××让杨××与侯××登杆工作。杨××准备上杆，侯××提出异议，认为 28～29 号杆之间已无导线，上杆工作安全无法保证，要求打拉线后再上。毕××又让严××上杆，严××亦不从。

3 毕××不听劝告，赌气自己登上杆塔东侧进行工作。杨××在西侧登杆工作。

4 10 时 50 分左右，该杆突然向南侧倾倒，两人随杆倒下。

5 两人立即被送往当地医院，抢救无效死亡。

事故原因及防范措施

一、原因分析

（1）28号杆在29号侧导线被盗情况下，张力不平衡引起杆塔扭斜，工作人员未采取防止杆倒的打拉线措施，违章作业。加之该杆年代已久，混凝土沙化严重，是导致这次事故的直接原因。

（2）有关人员安全意识欠缺，思想麻痹大意，在工作现场情况发生变化后，没有制订相应的安全工作方案，未采取相应的安全措施就草率开工，是这次事故的间接原因。

二、防范措施

（1）加大对安全规章制度学习、贯彻的力度，提高一线人员安全技术素质，切实有效地落实工作现场安全组织技术措施，规范作业行为，堵塞漏洞，确保安全。

（2）继续深入扎实地开展反违章活动，并认真进行危险点分析及预控工作。

（3）当工作环境发生变化时应及时变更现场的安全措施，制订出符合现场实际的保证安全的组织措施和技术措施。

××年 5 月 31 日，××供电所配电班在定坪线南川分支线处理永安路 200kVA 变压器对地安全距离不够，在南川立杆。

2 工作人员用吊车吊立 15m 电杆。

3 吊车将电杆吊起后，在就位转向过程中，钢丝绳与电杆之间摩擦力减小，电杆下滑，杆根碰在马路道牙上，因杆根受到撞击，钢丝绳套产生瞬间松动，其中一端从挂钩中脱出，造成电杆脱落。

4 参加该项工作的民工高××躲避不当，向电杆倒落方向跑，被倒杆砸在头部（安全帽砸碎）。

5 现场工作人员立即将伤者送医院抢救，因伤势过重，抢救无效死亡。

事故原因及防范措施

一、原因分析

1. 直接原因

在吊杆作业过程中违反了《国家电网公司电力安全工作规程》（电力线路部分）第109条“起吊物体必须绑牢，物体若有棱角或特别光滑的部分时，在棱角或滑面与绳子接触处应加以包垫”之规定，电杆吊起转向就位时，未采取有效防滑措施，杆子与钢丝绳之间因高度提升，摩擦力减小，因未加防滑衬垫，钢丝绳套上滑，电杆下窜，杆根撞在马路道牙上，电杆受到冲击力，导致钢丝绳套一端从吊钩中脱出，电杆倒落。

2. 间接原因

（1）准备回填杆坑的民工（死者），在电杆滑落时，躲避不当，向电杆倒落方向跑，被落下的杆梢砸中。

（2）作业环境场地狭窄，工作时未采取防范措施。

（3）特种工未经专业培训，缺乏起重常识。

二、防范措施

（1）立即停工整顿，召开事故分析会，举一反三，吸取事故教训，并各自对照安全规定，认真查找安全管理的漏洞，提出具体整改措施。

（2）由劳资部门牵头，立即清理企业所使用的各类临时用工，健全有关手续，加强资质审查。

（3）加强对特种工的培训，持证上岗。

（4）强化安全管理，加大职工自我保护意识的教育及学习。

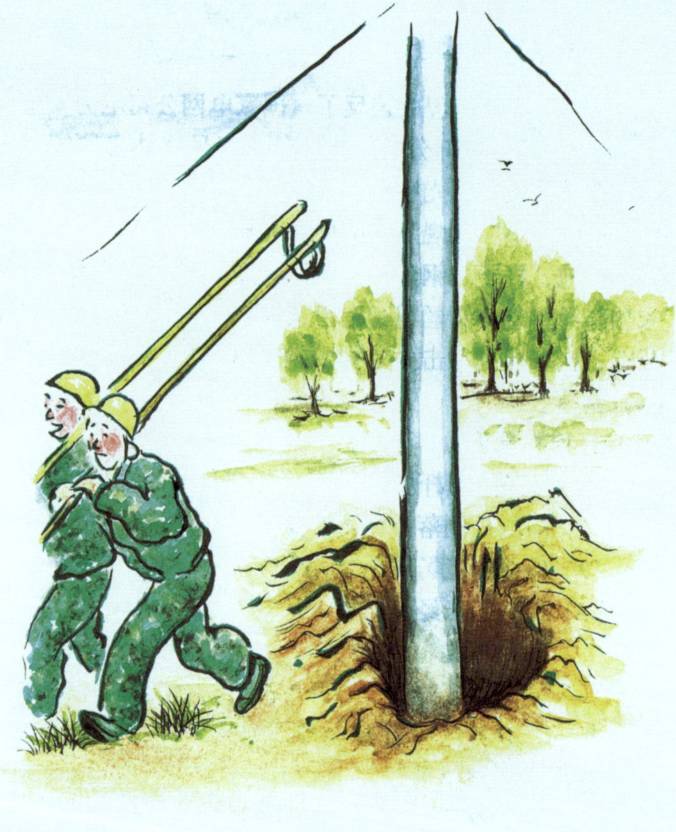

××年 10 月 27 日，××供电公司在××35kV 变电站2 号主变压器增容工程立 10kV 母线桥电杆。

2 在立第 2 根电杆时，电杆立起后就撤出了叉杆。由于杆根未进入预制环型基础内，工作负责人张××使用右肩扛住电杆，边扛边喊地指挥着民工们拉电杆。

3 由于西南侧与西北侧两条拉绳夹角不足90°，西南侧拉绳的人多拉力大，西北侧拉绳的人少拉力小，且西北侧与东南侧的拉绳夹角接近180°，东北侧又无拉绳控制，致使电杆沿顺时针方向由东北转向东，再转向南而倒下。

张××的后背部被压在电杆下。

5 张××被送往医院抢救无效死亡。

事故原因及防范措施

一、原因分析

1. 技术原因

（1）三条拉绳角度设置不当，受力不均匀。西北侧与东南侧两条拉绳几乎成180°，而西北侧与西南侧两条拉绳的夹角不足90°，东北侧没有拉绳控制，在静态时电杆已处于极不稳定状态，动态时必然向受力大的方向转动倾倒。

（2）《国家电网公司电力安全工作规程》（电力线路部分）第6.5.12条规定："已经立起的电杆，回填夯实后方可撤去拉绳及叉杆"。但张××在杆根尚未进入杯型基础内，电杆还处在动态的情况下，就撤去了叉杆，违反了规程规定。

（3）杆坑挖的过大，一是不利于将杆根滑入杯型基础内，二是倒杆时坑壁不能将杆根顶住，致使电杆倾倒时杆根从坑内挑出，电杆压在张××背上。

2. 事故主要原因

（1）施工前，施工负责人未组织制订保证立杆工作的安全技术措施和组织措施，也未帮助和要求张××制订上述措施，形成盲目施工。

（2）张××到施工现场后，未检查立杆措施是否正确而直接参与拉绳子的工作，致使事故隐患未得到及时纠正。

3. 事故直接原因

《国家电网公司电力安全工作规程》（电力线路部分）第6.5.12条规定："立、撤杆塔过程中基坑内严禁有人工作"。张××缺乏个人防护意识，没有意识到电杆下有危险，用肩扛电杆，并让往起拉，严重违反规定，是发生事故的直接原因。

二、防范措施

（1）严禁未经过培训、考试合格的人员从事立杆工作和指挥起吊。

（2）进行两票执行过程的检查监督，坚决杜绝无票工作，纠正执行过程中的习惯性错误作法。

（3）加强对民工、临时工的管理，严格审批手续，特别是加强签定安全合同、办理进站手续，进行安全教育，安全监护等监督检查工作。

（4）加强工程的全过程管理和监察。每一项工程开工前，除有工作任务和进度安排及有关总体安全措施和技术措施外，对每一分项独立的工作也要制定更为切合实际的安全技术、组织措施，工作前要进行危险点预想，并在工作中严格执行。

（5）严格执行立杆和撤杆及挖掘坑工作的各项规定，坚决反对抢进度、抢时间，忽视安全的错误做法。

1 2007 年 3 月，未从事过 35kV 作业的×县供电局城郊供电营业所，在所长李×的要求下，经县供电局生技部门负责人同意，承揽了原 35kV 仙下 3564 线 5～7 号杆线路拆除工作。

2 在无审批的停电计划情况下，城郊供电营业所所长李×向城关供电所申请 10kV 黎明 0205 线配合停电，县调管理人员在接到城关供电所电话申请后，没有执行计划停电检修报批程序即同意配合停电。

3 3 月 9 日，城郊供电营业所组织进行线路拆除工作，13 时，工作负责人李×在导线拆除完毕后，因事离开现场，委托所长李×（此次工作的工作票签发人）临时担任现场工作负责人。

4 所长李×安排2名工作人员登杆拆除5号（18mⅡ型等径双杆，）杆上横担（此项任务在工作票中未明确）时，地面工作人员开始拆除靠东朝北下横担的拉线，同时其他2人又登杆工作。

5 当4人在杆上拆除横担时，所长李×未全程监护，地面作业人员继续拆除第2根拉线（东面外角拉线方向）后，5号杆Ⅱ型电杆向线路外角侧倒落，4名杆上作业人员随杆倒地受伤，其中1人伤势相对较重。

事故原因及防范措施

一、原因分析

（1）城郊供电营业所的工作责职是负责配变高压熔丝具以下设备的运行维护和抄表收费工作，但却承担了35kV线的拆旧工作。

（2）在现场布置工作任务和安全措施及对工作班成员进行“三交三查”时，虽然告知了现场危险点和相关防范措施，但却没有任何防倒杆的安全措施。

（3）城关供电所（工作责职是负责配变高压熔丝具以上10kV线路设备的运行维护工作）超权限受理并批复同意10kV线路配合停电申请。

（4）工作票所列的安全措施中没有任何防倒杆的安全措施，同时工作任务填写也不完整。

二、问题反思

（1）虽然全省农电系统在2005年和2006年已连续开展反违章斗争活动，但违章行为屡禁不止，违章现象仍然十分普遍，反违章的效果值得有关部门探究。

（2）在反违章活动中，主管部门一再要求各级反违章活动要从反管理性违章、反装置性违章和反行为性违章三个方面，全方位、全过程、全员进行。但实际工作中，我们的一些领导和管理人员在执行过程中，是否真正把自己放了进去？基层单位的反管理性违章开展深度到底如何？究竟查出了哪些管理性违章？是否制订了整改措施？整改了多少？

（3）在执行有关安全规章制度方面，存在有章不循，执章不严，违章不究，特别是为防止在拆旧工作中发生事故，主管部门专门下发了《35kV及以下农网架空线路拆除工作补充安全技术措施》，但实际工作中到底执行了没有？安全教育培训开展了没有？效果如何？基层班组的情况，领导和管理人员究竟掌握了解多少？这许多的为什么值得探究。

附录A　非绝缘绳索距带电导体的最小距离

非绝缘绳索距带电导体的最小距离见表A1。

表A1　非绝缘绳索距带电导体的最小距离

电压（kV）	距离（m）	电压（kV）	距离（m）
10及以下	1.0	35	2.5
110	3.0	220	4.0
500	6.0		

附录B　农电员工个人简况

姓名：

性别：

出生年月日：

血型：

家庭地址：

岗位：

本地区医疗救护电话号码：